教科書ワーク
もくじ

全教科書対応
文章題・図形 **4**年

1 大きい数

① 大きい数のしくみの問題
きほんのワーク

答え 1ページ

やってみよう

☆ある数を 10 でわると，14 兆になりました。ある数はいくつですか。

とき方 10 でわった数が 14 兆なので，求める数は，14 兆の 10 倍です。

14 兆×10 ＝ ☐ 兆

答え ☐

さんこう

ある数を☐とすると，☐÷10＝14 兆だから，☐＝14 兆×10 と考えることもできます。

たいせつ 🔒

数は，10 倍すると位は 1 けたずつ上がり，1/10 にすると，位は 1 けたずつ下がります。

10倍 10倍

百	十	一	千	百	十	一	千	百	十	一	千	百	十	一
		兆				億				万				
	1	4	0	0	0	0	0	0	0	0	0	0	0	0

1/10 1/10

---

❶ ある会社のジュースは，今年世界で 260 億本売れました。この 5 年間で売り上げは 10 倍になりました。5 年前は，何本売れましたか。

式

> 10 でわることと 1/10 にすることは，同じだね。

答え （　　　　　　　　）

❷ ジャンボ機 1 機のねだんを 180 億円とすると，100 機分ではいくらになりますか。

式

答え （　　　　　　　　）

❸ ある数は 720 兆を 100 でわった数です。ある数はいくつですか。

式

答え （　　　　　　　　）

 整数は，位が 1 つ左へ進むごとに，10 倍になるしくみになっています。10 倍すると位は 1 けたずつ上がり，10 でわると位は 1 けたずつ下がります。

② 大きい数の大小の問題
きほんのワーク

答え 1ページ

☆ 0, 1, 2, 3, 4, 5, 6, 7, 8, 9 の数字を1回ずつ使ってできる10け たの整数のうち, いちばん大きい数を漢字で書きましょう。

とき方 0から9までの10この数字を次の□の中にならべて考えます。

億				万					
9									

いちばん上の位に9を入れたあとは, 順に下の位に大きい数字から入れていきます。

数の大きさは上の位からくらべるので, いちばん左の□にいちばん大きい9を入れればいいね。

答え

❶ 0, 0, 1, 2, 3, 3, 4, 5, 6, 6 の数字を1回ずつ使ってできる10けたの整数のうち, いちばん小さい数をつくりましょう。

いちばん上の位に0を入れることはできないから, 次に小さい1を入れればいいね。

( )

❷ 0, 1, 2, 3, 4, 5 の数字を何回使ってもよいことにして, 10けたの整数をつくります。いちばん小さい数はいくつですか。ただし, どの数字も必ず1回は使うことにします。

( )

❸ 0, 0, 1, 1, 2, 2, 3, 4, 5, 6, 7, 8, 9 の数字を1回ずつ使ってできる13けたの整数のうち, いちばん大きい数といちばん小さい数はいくつですか。

いちばん大きい数 ( )

いちばん小さい数 ( )

ポイント 0, 1, 2, 3, 4, 5, 6, 7, 8, 9 の10この数字を使うと, どんな大きさの整数でも表すことができます。ただし, いちばん上の位を0とすることはできません。

3

③ 大きい数の計算の問題
きほんのワーク

答え 1ページ

やってみよう

☆1こ498円のかんづめを126こ買います。代金はいくらになりますか。

とき方 1このねだんや買ったこ数が大きい数になっても，代金は，1このねだん×買うこ数 で求めることができるので，式は □×126 となります。
筆算は，2けたの数をかけるときと同じようにします。

```
    4 9 8
  × 1 2 6
  2 9 8 8
  □ □ □
□ □ □
□□□□
```

答え □ 円

1 たけるさんの学校には，4年生が104人います。動物園に行くために，全員から1人375円ずつ集めると，全部でいくら集まりますか。

式

```
  ×
```

答え（　　　　　　）

2 かなさんのお母さんは，グループでビーズのアクセサリーを120こつくって，それを1こ600円で売りました。全部売れたとすると，売り上げは，いくらになりますか。

式

答え（　　　　　　）

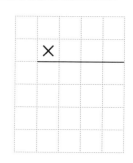
終わりに0のある数のかけ算は，0を省いて計算して，求めた答えの右に，省いた0の数だけ0をつければいいんだ。

3 13×28＝364 を使って，次の答えを求めましょう。

❶ 1300×2800　　（　　　　　　）

❷ 13万×28　　（　　　　　　）

❸ 13万×28億　　（　　　　　　）

0や万，億の部分を分けて考えてみようね！

ポイント かけ算の答えを「積」といいます。同じように，たし算の答えを「和」，ひき算の答えを「差」，わり算の答えを「商」ということを覚えておきましょう。

まとめのテスト

時間 **20**分

とく点 ／100点

1 よく出る ある年の世界の人口は約52億人でした。もし、世界の人口が100倍になったら、約何人といえますか。

式　　　　　　　　　　　　　　　　　　1つ10〔20点〕

答え（　　　　　　　　　　）

2 ある数を10倍すると、25兆になります。ある数を100でわると、いくつになりますか。　　　　　　　　　　　〔10点〕

（　　　　　　　　　　）

3 0、1、2、3、4、5、6、7、8、9の10この数字を1回ずつ使ってできる10けたの数のうち、次の数はいくつですか。　　1つ10〔30点〕

❶ 3番目に大きい数

（　　　　　　　　　　）

❷ 3番目に小さい数

（　　　　　　　　　　）

❸ 50億より小さい数のうち、いちばん大きい数

（　　　　　　　　　　）

4 0、1、2、3、4、5、6、7の8この数字を2回ずつ使ってできる16けたの数のうち、十兆の位が1になる数で、いちばん小さい数はいくつですか。　　〔20点〕

（　　　　　　　　　　）

5 ある工場では、1日に品物を24000こつくります。150日間では、何この品物ができますか。　　　　　　　　　　1つ10〔20点〕

式

答え（　　　　　　　　　　）

チェック ☑ □ 大きい数のしくみを使った計算ができたかな？
□ 大きい数の大きさの大小がくらべられたかな？

5

① 折れ線グラフをよむ問題
きほんのワーク

答え 1ページ

やってみよう

☆ 下のグラフは，広場の1日の気温を調べて，折れ線グラフに表したものです。気温の上がり方がいちばん大きかったのは,何時から何時の間ですか。

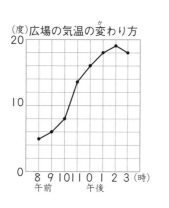

とき方 気温が上がるとき，線は右 [　] がりになります。また，線のかたむきが急であるほど，変わり方が [　] ことを表しています。

たいせつ🔒

変わり方

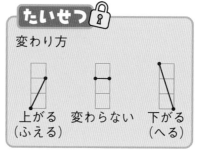

上がる　変わらない　下がる
（ふえる）　　　　　（へる）

変わっていくもののようすを，わかりやすく表すには，**折れ線グラフ**を使えばいいんだね。

答え

午前 [　] 時から午前 [　] 時の間

1 **やってみよう** で，気温の変わり方が，午前9時から午前10時の間と同じなのは，何時から何時の間ですか。

(　　　　　　　　　)

2 右の折れ線グラフを見て，答えましょう。

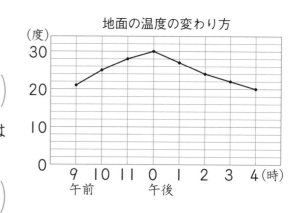

❶ 午前11時の温度は何度ですか。

(　　　　　　　　　)

❷ 温度がいちばん高いのは何時で，それは何度ですか。

(　　　　　　　　　)

❸ 温度が上がっているのは，何時から何時の間ですか。

(　　　　　　　　　)

❹ 温度の変わり方がいちばん大きいのは，何時から何時の間ですか。

(　　　　　　　　　)

ポイント 折れ線グラフでは，線のかたむきで変わり方がわかります。線のかたむきが急であるほど，変わり方が大きいことに注意しましょう。

② 折れ線グラフをかく問題
きほんのワーク

答え　2ページ

☆ 下の表は，日なたの温度を調べたものです。これを折れ線グラフに表しましょう。

日なたの温度

時こく（時）	午前9	10	11	午後0	1	2	3
温度（度）	21	22	25	28	30	29	26

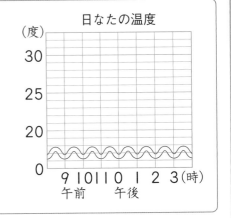

日なたの温度

とき方 折れ線グラフは次のようにかきます。

1 横のじくに [　　　] をとり，同じ間をあけて書く。単位も書く。

2 たてのじくに [　　　] をとり，いちばん高い温度が表せるようにめもりをつける。単位も書く。

3 それぞれの時こくの温度を表すところに点をうち，点を [　　　] でつなぐ。

4 表題を書く。

答え　上の図にかく

折れ線グラフでは，上の図のような〰〰の印を使って，めもりのとちゅうを省くことがあるよ。

① ひろしさんの体重は，下の表のようにふえていきました。これを折れ線グラフに表しましょう。

ひろしさんの年令ごとの体重　（4月1日）

年令（オ）	3	4	5	6	7	8	9	10
体重（kg）	15	17	18	21	24	27	29	37

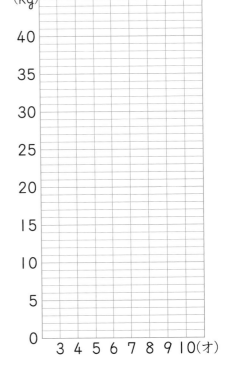

ひろしさんの年令ごとの体重

ポイント めもりのとり方をくふうしたり，めもりのとちゅうを省いたりして，変わり方のようすがよくわかるようにしましょう。

7

まとめのテスト❶

時間 **20** 分

とく点

/100点

答え 2ページ

1 折れ線グラフに表すとよいものを，下の⑦〜⑨の中から 2 つ選びましょう。

1つ10〔20点〕

⑦　5 つの都市のある日の午前 | | 時の気温

⑦　毎月 | 日に調べた，ちなつさんの身長

⑦　ある日の朝 6 時から夕方 6 時まで，2 時間ごとに調べた池の水温

⑨　4 年 | 組全員のたん生日

（　　　，　　　）

2 よく出る　右の折れ線グラフは，ある町の人口のうつり変わりを表したものです。

❶　たてのじくの | めもりは，何人を表していますか。

1つ20〔60点〕

（　　　　　　　）

❷　人口はどのように変わっていったかを書きましょう。

ある町の人口のうつり変わり

❸　いちばん人口がふえたのは，何年から何年の間ですか。

（　　　　　　　　　　　　　　）

3 水道からふろに水を入れたときの水の深さを折れ線グラフに表しました。とちゅうで 2 分間だけ入れる水の量を少なくしました。このことを表す折れ線グラフを⑦〜⑨の中から | つ選びましょう。

〔20点〕

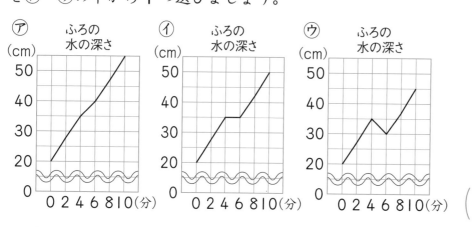

（　　　　　　　）

チェック✔

□ 折れ線グラフが右上がりか右下がりかをよみとることができたかな？
□ 折れ線グラフのかたむき（急てあるかどうか）をよみとることができたかな？

時間 **20**分

とく点 /100点

答え 2ページ

1 右のグラフは，1年間の気温といど水の温度の変わり方を表したものです。

1つ12〔48点〕

気温といど水の温度の変わり方

❶ 気温といど水の温度では，どちらの変わり方が大きいですか。

( )

❷ 気温といど水の温度の関係が，入れかわるのは，何月と何月の間ですか。すべて答えましょう。

( )

❸ 気温といど水の温度の差がいちばん大きいのは何月ですか。また，そのときの温度の差は何度ですか。
月 ( ) 温度の差 ( )

2 下の表は，えりかさんの身長の変わり方を表したものです。これを折れ線グラフに表しましょう。 〔20点〕

えりかさんの身長 (4月1日)

年令(才)	6	7	8	9	10
身長(cm)	116	123	126	133	137

えりかさんの身長

3 右のグラフは，ある町の月ごとの最高気温とこう水量を表したものです。 1つ8〔32点〕

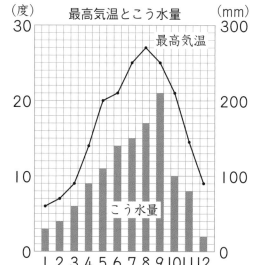

❶ 最高気温がいちばん低いのは何月で，それは何度ですか。

月 ( ) 最高気温 ( )

❷ こう水量がいちばん多いのは何月で，それは何mmですか。

月 ( ) こう水量 ( )

□ 2つの折れ線グラフの変わり方のちがいをよみとることができたかな？
□ 折れ線グラフとぼうグラフのちがいがわかったかな？

9

3 整理のしかた

① 2つのことがらについて調べる問題

きほんのワーク

答え 2ページ

☆ 左下のけが調べの表は，どの場所で，体のどの部分をけがしたかを記録したものです。右下の表にまとめなおしましょう。

けが調べ

場　所	体の部分	場　所	体の部分
運動場	足	運動場	足
体育館	手	中　庭	うで
中　庭	手	教　室	うで
運動場	うで	中　庭	足
運動場	足	運動場	手
教　室	顔	運動場	手
体育館	うで	体育館	うで
中　庭	足	中　庭	うで

けがをした場所と体の部分　　（人）

場所＼体の部分	足	手	うで	顔	合計
運動場					
中　庭					
体育館					
教　室					
合　計					

とき方 2つのことがらについてまとめるときには，1つをたてに，もう1つを横にとる右上のような表に整理すると便利です。「正」を書いて調べるとよいでしょう。

右上の表は，どの場所で，体のどの部分のけがが多いのかが見やすくなっているね。

答え　上の表に記入

❶ 左下のこん虫調べの表は，まさるさんたちが見つけたこん虫の種類とこん虫を見つけた場所を記録したものです。右下の表にまとめなおしましょう。

こん虫調べ

種類	場所	種類	場所	種類	場所
チョウ	校庭	クワガタ	公園	チョウ	林
トンボ	畑	トンボ	畑	トンボ	公園
テントウムシ	公園	チョウ	畑	クワガタ	林
トンボ	公園	クワガタ	林	トンボ	林
チョウ	校庭	テントウムシ	公園	チョウ	林
テントウムシ	公園	トンボ	校庭	トンボ	林
クワガタ	林	チョウ	畑	チョウ	畑
トンボ	林	トンボ	林	テントウムシ	林
テントウムシ	校庭	チョウ	畑	チョウ	公園
クワガタ	林	トンボ	畑	テントウムシ	畑
トンボ	畑	テントウムシ	公園	クワガタ	林

こん虫の種類と場所　　（ひき）

種類＼場所	畑	林	校庭	公園	合計
チョウ					
クワガタ					
テントウムシ					
トンボ					
合　計					

ポイント 2種類のことがらの記録を，右上のような表にまとめるといろいろなことがらが調べやすくなります。また，それぞれの合計や全体の合計が見やすくなります。

② 表にまとめる問題
きほんのワーク

答え 2ページ

☆ 4年3組で，犬とねこをかっている人の人数をまとめたら下のようになりました。表の○はかっていることを，×はかっていないことを表しています。この結果を，右の表にまとめましょう。

| 犬○，ねこ○が3人 | 犬○，ねこ×が8人 |
| 犬×，ねこ○が9人 | 犬×，ねこ×が6人 |

ペット調べ　（人）

	ねこ ○	ねこ ×	合計
犬 ○	㋐	㋑	
犬 ×	㋒	㋓	
合計			

とき方 ㋐は，犬○，ねこ○の人数が入るので ☐ ，

㋑は，犬 ☐ ，ねこ ☐ の人数が入るので ☐ ，

㋒は，犬×，ねこ○の人数が入るので ☐ ，

㋓は，犬×，ねこ×の人数が入るので ☐ です。
そのほかは，それぞれの合計を求めて書きます。

上の表は，「犬をかっている人」と「ねこをかっている人」の両方のようすを見やすく表しているね。

答え 上の表に記入

① 右の表は，4年2組の人の兄弟姉妹がいる人の人数を調べた結果をまとめたものです。表のあいているところに，あてはまる数を書きましょう。

兄弟姉妹調べ　（人）

	姉妹 いる	姉妹 いない	合計
兄弟 いる	5	㋐	9
兄弟 いない	㋑	8	㋒
合計	15	㋓	㋔

② 右の表は，10から30までの整数を，3でわりきれるか，5でわりきれるかで分け，表にまとめたものです。表のあいているところに，あてはまる数を書きましょう。

10から30までの整数

	5で わりきれる	5で わりきれない	こ数
3で わりきれる	15	12	
3で わりきれない	10	11, 13, 14	
こ数			

ポイント なかまに分けて表す上のような表にもなれるようにしましょう。たてと横の両方のことがらにあてはまるものが，それぞれのわくの中に入ります。

まとめのテスト①

答え 3ページ

時間 20分

勉強した日 ▶ 月 日

とく点 /100点

1 よく出る 下の表は、あゆみさんの学校で、起こったけがを記録したものです。

けが調べ

場　所	種　類
運動場	切りきず
ろうか	打ぼく
教　室	すりきず
体育館	すりきず
運動場	こっせつ
教　室	切りきず
運動場	すりきず
体育館	すりきず
体育館	打ぼく
体育館	ねんざ
運動場	すりきず
運動場	すりきず
教　室	切りきず
階だん	打ぼく
体育館	ねんざ
運動場	打ぼく
教　室	すりきず

❶35, ❷❸ 1つ10〔55点〕

❶ けがの種類とけがをした場所を、次の表にまとめなおしましょう。

けがの種類と場所　　（人）

種類＼場所	運動場	ろうか	教　室	体育館	階だん	合計
切りきず						
打ぼく						
すりきず						
こっせつ						
ねんざ						
合　計						

❷ どんな種類のけががいちばん多いですか。

（　　　　　　　　　）

❸ どこでけがをした人がいちばん多いですか。

（　　　　　　　　　）

2 右の表は、1から15番の人の笛とハーモニカのわすれ物について、調べたものです。

❶35, ❷10〔45点〕

わすれ物調べ

出席番号	1	2	3	4	5	6	7	8	9	10	11	12	13	14	15
笛	○	○	○	×	○	○	○	×	×	○	○	×	○	○	○
ハーモニカ	○	×	×	×	○	○	○	×	○	○	×	○	○	×	○

持ってきた人…○　　わすれた人…×

❶ 上の表を、右のもう1つの表にまとめましょう。

❷ 笛とハーモニカを、両方ともわすれた人は何人ですか。

（　　　　　　　　　）

わすれ物調べ　　（人）

		ハーモニカ		合計
		持ってきた人	わすれた人	
笛	持ってきた人			
	わすれた人			
合　計				

□記録を、「正」の字を使って数えもらさず、表にまとめることができたかな？
□たてと横のことがらにあてはまる数をわくに書き入れることができたかな？

まとめのテスト❷

答え 3ページ

1 ゆうきさんの学校の4年生15人，5年生13人について血えき型を調べたら，下の表のようになりました。表のあいているところに，あてはまる数を書きましょう。

1つ5〔30点〕

血えき型調べ　　　　　　　　（人）

男女＼血えき型	A型	B型	O型	AB型	合計
4年生	6	5	㋐	1	15
5年生	㋑	4	3	1	13
合計	㋒	㋓	㋔	㋕	28

2 学校の前の道を通る自動車について調べたら，下の表のようになりました。表のあいているところに，あてはまる数を書きましょう。

1つ5〔35点〕

学校の前の道を通る自動車の種類と時間　　　（台）

車種＼時間	午前6時〜9時	9時〜12時	午後0時〜3時	3時〜6時	合計
乗用車	146	54	㋐	113	㋑
トラックなど	31	232	197	88	㋒
合計	㋓	㋔	229	㋕	㋖

3 よく出る 下の表は，1から10番の人の給食のようすを調べたものです。○は全部食べた人，×は少しでも残した人を表しています。

❶25, ❷10〔35点〕

給食調べ

出席番号	1	2	3	4	5	6	7	8	9	10
パン	○	×	○	○	×	○	○	○	×	○
おかず	○	○	×	×	○	○	○	×	×	×

❶ 右のもう1つの表にまとめましょう。

給食調べ　　　　　（人）

		おかず		合計
		食べた	残した	
パン	食べた	㋐	㋑	
	残した	㋒	㋓	
合計				

❷ けいこさんは上の表の10番です。右の表の㋐〜㋓のどこに入りますか。

(　　　　　　)

□合計の数を手がかりにしてわくに入る数を求めることができたかな？
□○と×が表していることがらから，あてはまるわくを正しく選べたかな？

4 わり算の筆算(1)

① 何十，何百のわり算の問題
きほんのワーク

答え 3ページ

やってみよう

☆60円を3人で同じ金がくずつ分けます。1人分はいくらになりますか。

とき方 1人分を求めるので，わり算を使います。 ➡ 60÷3

（何十）÷（1けた）のような計算は，わられる数を「10を単位とする数」におきかえて考えます。

⑩⑩⑩
⑩⑩⑩

6 ÷3＝ ☐

60÷3＝ ☐

答え ☐ 円

60は「10が6こ」だから，60÷3を「10が(6÷3)こ」と考えるんだね。

❶ 80円で，1まい4円の色紙は何まい買えますか。

式

答え（　　　　　　）

❷ 210まいのシールを7人で同じ数ずつ分けると，1人分は何まいになりますか。

式

答え（　　　　　　）

❸ 900本のひごを3本ずつ輪ゴムでとめます。輪ゴムは何本いりますか。

式

答え（　　　　　　）

900は「100が9こ」だから，900÷3を「100が(9÷3)こ」と考えればいいんだ。

❹ 7人で同じだけのお金を出して700円を集めるとき，1人が出すお金はいくらですか。

式

答え（　　　　　　）

700円を7人で同じ金がくずつ分けると考えればいいね。

 ポイント 何十や何百のわり算をするときには，10や100がいくつ集まった数かをよく考えて計算しましょう。

② （2けた）÷（1けた）の問題
きほんのワーク

答え 3ページ

☆ 42 このあめを 3 人で同じ数ずつ分けます。1 人分は何こになりますか。

とき方

わり算を筆算でするときは，十の位から順に計算しよう。

42 こ

□ こ

0　1　2　3（人）

1 人分を求めるので，わり算を使います。 ➡ 42÷3

42÷3 の計算は右のように筆算ですることができます。

42÷3 = [　]　　答え [　] こ

1 96 まいの色紙を 6 人で同じまい数ずつ分けました。1 人分は何まいになりますか。

式

答え（　　　　　　）

2 65 ページの本を 1 日 5 ページずつ読んでいくと，読み終わるのに何日かかりますか。

式

答え（　　　　　　）

3 78 まいのシールを 1 人に 3 まいずつ分けます。何人に分けられますか。

式

答え（　　　　　　）

4 8L 4dL の牛にゅうを 4 つの入れ物に同じかさずつ分けます。1 つの入れ物に入る牛にゅうのかさは何dL ですか。

式

答え（　　　　　　）

 ポイント　わり算の筆算はわられる数の上の位から順に計算します。

③ （3けた）÷（1けた）の問題
きほんのワーク

答え 3ページ

☆528まいのカードを4人で同じ数ずつ分けます。1人分は何まいになりますか。

とき方 1人分を求めるので，わり算を使います。

➡ 528÷4

528÷4の計算は右のように筆算ですることができます。わられる数が大きくなりますが，上の位から順にわっていきます。

528÷4 = ▢

答え ▢ まい

百の位から順に計算すればいいね。

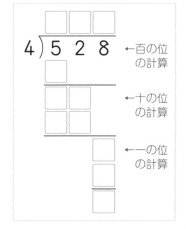

4) 5 2 8　←百の位の計算

←十の位の計算

←一の位の計算

1 735まいの画用紙を3クラスで同じまい数ずつ分けます。1クラス分は何まいになりますか。

式

答え（　　　　　　）

2 280このあめを8こずつふくろに入れていきます。何ふくろできますか。

式

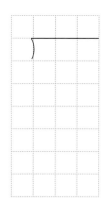
2÷8だから，百の位にたつ数がないので，28÷8と考えて，十の位に3をたててわり算を始めればいいんだ。

答え（　　　　　　）

3 648円を6人で同じ金がくずつ分けます。1人分はいくらになりますか。

式

答え（　　　　　　）

わられる数のいちばん左の位の数が，わる数より小さいときは，次の位の数までとって計算を始めます。

④ あまりのあるわり算の問題
きほんのワーク

答え 3ページ

☆46 このクッキーを4こずつふくろに入れると, 何ふくろできて, 何こあまりますか。

とき方 4こずつに分けるので, わり算を使います。

$46 \div 4 =$ [　　] あまり [　　]

答え [　　] ふくろできて, [　　] こあまる。

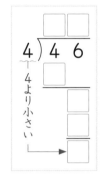

4より小さい

わり算の答えで, 11のような数を「商」というよ。

たいせつ 🔒
あまりが, わる数より小さくなっているかたしかめます。

❶ 53本のえん筆を5本ずつ輪（わ）ゴムでとめて束（たば）をつくっていくと, 何束できて, 何本あまりますか。

式

答え (　　　　　　　　　　　　)

❷ 440さつのノートを3つのグループに同じさっ数ずつ配ります。1つのグループに何さつ配れて, 何さつあまりますか。

式

答え (　　　　　　　　　　　　)

❸ 220円で1まい6円の画用紙は何まい買えて, 何円あまりますか。

式

はじめの位（くらい）の数がわる数より小さいときは, 次の位の数までとってわり算すればいいんだね。

答え (　　　　　　　　　　　　)

 あまりがあるときは, 商とあまりがわり算の答えになります。

17

⑤ あまりを考える問題
きほんのワーク

答え 4ページ

やってみよう

☆83 このりんごを全部箱に入れます。1箱に6こずつりんごを入れていくと，箱は何箱いりますか。

とき方 6こずつに分けるので，わり算を使います。

$83÷6=$ [　] あまり [　]

あまった [　] こを入れる箱が
1箱いるので，1をたして

[　] $+1=$ [　]   **答え** [　] 箱

あまったりんごを入れる箱が必要だね。

$6\overline{)83}$

❶ 95人の子どもがいます。長いすに4人ずつすわらせていくと，全員がすわるには長いすは何こいりますか。

式

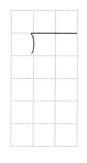

答え （　　　　　　　）

❷ 45L8dL の油を毎日3dL ずつ使うとすると，使い終わるのに何日かかりますか。

式

1L は10dL だから，45L8dL は何dL になるかな。

答え （　　　　　　　）

❸ 4年生134人が，5人ずつならんで50m走をします。何回で全員が走り終わりますか。

式

答え （　　　　　　　）

ポイント わり算の答えにあまりがあって，その分も1つ分と数える必要があるときは，「商＋1」の数が答えになります。

⑥ 答えのたしかめをする問題
きほんのワーク

答え 4ページ

☆90円で，1まい4円の紙が何まい買えて，何円あまりますか。答えのたしかめもしましょう。

とき方 90円の中に4円がいくつあるかを求めるので，わり算を使います。

$$90 \div 4 = \boxed{} \text{ あまり } \boxed{}$$

わられる数　わる数　商　　　あまり

答え ☐ まい買えて，☐ 円あまる。

たしかめ $4 \times \boxed{} + \boxed{} = \boxed{}$

あまりは，わる数より小さくなるんだね。

たいせつ🔒
答えのたしかめは，
(わる数)×(商)+(あまり)
=(わられる数)
の式にあてはめます。

1 81まいのシールを1人に6まいずつ配ると，何人に分けられて，何まいあまりますか。また，答えのたしかめもしましょう。

式

答え（　　　　　　）

たしかめ（　　　　　　）

2 123本のえん筆を5人で同じ数ずつ分けます。1人分は何本になり，何本あまりますか。また，答えのたしかめもしましょう。

式

答え（　　　　　　）

たしかめ（　　　　　　）

3 7m12cmのリボンを7人で同じ長さずつ分けます。1人分は何cmになり，何cmあまりますか。また，答えのたしかめもしましょう。

式

答え（　　　　　　）

たしかめ（　　　　　　）

ポイント (わる数)×(商)+(あまり)の計算結果が，(わられる数)になることでたしかめができます。

⑦ 何倍かを求める問題
きほんのワーク

答え 4ページ

やってみよう

☆家から遊園地までの道のりは 24 km, 家から駅までの道のりは 6 km あります。家から遊園地までの道のりは, 家から駅までの道のりの何倍ですか。

とき方 ある数がもとにする数の何倍かを求めるには, わり算を使います。

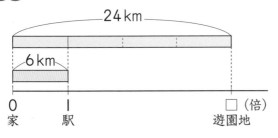

図に表して考えると, よくわかるね。

ちゅうい

4倍とは, 6km を 1 とみたとき, 24 km が 4 にあたることを表しています。

24 ÷ ☐ = ☐   答え ☐ 倍

① けんたさんは野球カードを 5 まい, お兄さんは 75 まい持っています。お兄さんのカードのまい数は, けんたさんのカードのまい数の何倍ですか。

式

答え (   )

② ゆきさんはある本を 7 ページまで読みました。その本は全部で 119 ページあります。全部のページ数は, 読んだページ数の何倍ありますか。

式

答え (   )

③ 学校でペットボトルのキャップ集めをしたところ, 全部で 1206 こ集まりました。さとしさんは 9 こ集めました。集まったキャップのこ数は, さとしさんが集めたキャップのこ数の何倍ですか。

式

答え (   )

わり算を使うと, もとにする数を 1 とみたとき, ある数がそのいくつ分(何倍)にあたるかを調べることができます。

⑧ もとにする大きさを求める問題
きほんのワーク

答え 4ページ

☆ りかさんのお姉さんが持っているシールは 84 まいで，りかさんの持っているシールのまい数の 3 倍にあたります。りかさんはシールを何まい持っていますか。

とき方 りかさんのシールのまい数を□まいとして，図をかいて考えましょう。

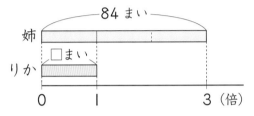

かけ算の式で表すと，□×3＝84 となります。

□は，84 ⬚ 3 で求められます。

84÷3＝⬚　　　　　答え ⬚ まい

りかさんのシールのまい数は，お姉さんのまい数を3つに分けた1つ分になるんだね。

1 ゲームで，みかさんのとく点は 204 点で，弟のとく点の 4 倍でした。弟のとく点は何点ですか。

式

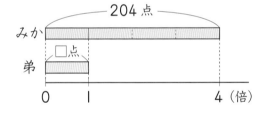

答え（　　　　　　）

2 ゆうきさんは家から駅まで歩くと1時間48分かかります。これは，自動車で行くときの9倍の時間にあたります。家から駅まで自動車で行くと何分かかりますか。

式

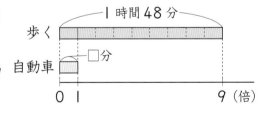

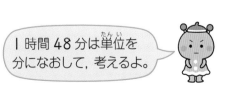

1時間48分は単位を分になおして，考えるよ。

答え（　　　　　　）

ポイント 1とみた大きさを求めるときも，わり算を使います。

21

まとめのテスト❶

時間 20分

答え 4ページ

とく点 /100点

1 400gのケーキを，全部が同じ重さになるように8つに切ります。切った1つ分の重さは何gになりますか。 1つ8〔16点〕

式

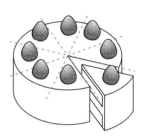

答え（　　　　　　　　）

2 98gの塩を7つの入れ物に同じ重さずつ入れます。1つの入れ物に何gの塩が入りますか。 1つ10〔20点〕

式

答え（　　　　　　　　）

3 よく出る 全校の子どもたち807人を，6人ずつのグループに分けます。グループは何こできて，何人あまりますか。また，答えのたしかめもしましょう。

式 1つ8〔24点〕

答え（　　　　　　　　）

たしかめ（　　　　　　　　）

4 けんじさんのお父さんの体重は72kgで，お父さんの体重はけんじさんの体重の3倍です。けんじさんの体重は何kgですか。 1つ10〔20点〕

式

答え（　　　　　　　　）

5 3さつで1セットになっているノートのねだんは540円です。このノートを12さつ買うと，代金はいくらですか。 1つ10〔20点〕

式

答え（　　　　　　　　）

22

チェック ☑ □（わる数）×（商）+（あまり）＝（わられる数）でたしかめができたかな？
□ もとにする数を何にすればよいか，問題から読み取ることができたかな？

まとめのテスト❷

答え 4ページ

時間 **20** 分

とく点 ／100点

1 1800円で，1まい9円の画用紙は何まい買えますか。　　　　1つ10〔20点〕

式

答え（　　　　　　　　　）

2 よく出る 200ページの本があります。　　　　1つ10〔40点〕

❶ 1日に8ページずつ読んでいくと，何日で読み終わりますか。

式

答え（　　　　　　　　　）

❷ 1日に9ページずつ読んでいくと，何日で読み終わりますか。

式

答え（　　　　　　　　　）

3 1束125まいの色紙を6束用意して，7つのグループに同じ数ずつ配ると，1グループのまい数は何まいになり，何まいあまりますか。　　　　1つ10〔20点〕

式

答え（　　　　　　　　　）

4 はるかさんのお兄さんは，プレゼントを買ったので，お兄さんの持っているお金が，はるかさんの持っているお金の3倍の2520円になりました。お兄さんが買い物をする前に持っていたお金は，はるかさんの持っているお金の5倍でした。お兄さんが買ったプレゼントはいくらでしたか。　　　　1つ10〔20点〕

式

答え（　　　　　　　　　）

□ あまりの分も1つ分と考えて，答えを「商＋1」と考えることができたかな？
□ 何を1とみるか，求める数がいくつ分にあたるかが計算できたかな？

① 分度器を使う問題
きほんのワーク

答え 5ページ

やってみよう

☆ 下の図の㋐, ㋑ の角の大きさを, 分度器を使ってはかりましょう。

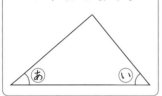

たいせつ🔒
直角を90等分した1つ分を1度といい, 1°と書きます。

とき方 ㋐の角の大きさをはかるには, ☐☐☐☐ を使います。

① 分度器の中心を, 角の頂点に合わせます。

② 0°の線を㋐の角をつくる1つの辺に合わせます。

③ ㋐の角をつくるもう1つの辺と重なっているめもりを読みます。㋐の角の大きさは ☐☐ °です。

㋑の角の大きさも同じようにして, はかりましょう。

答え ㋐ ☐☐ ° ㋑ ☐☐ °

❶ 一筆書きで, 星の形をかきました。星の内側にできた㋐〜㋔の角の大きさを, 分度器を使ってはかりましょう。

㋐ (   )   ㋑ (   )

㋒ (   )   ㋔ (   )

❷ 分度器を使って, はかりましょう。

❶ ㋐の角の大きさは, 半回転の角の大きさより何度大きいですか。

1直角=90°
半回転=2直角=180°
1回転=4直角=360°
などは, 覚えておこうね。

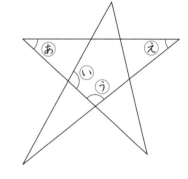

(   )

❷ ㋑の角の大きさは, 1回転の角の大きさより何度小さいですか。

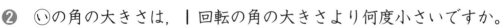

(   )

ポイント 180°より大きく360°より小さい角をはかるときは, 180°より何度大きいか, または360°より何度小さいかを, まず分度器ではかります。

② 角の大きさを計算で求める問題
きほんのワーク

答え 5ページ

☆右の図は，１組の三角じょうぎを
組み合わせたものです。あ，いの
角の大きさは何度ですか。

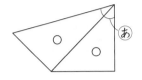
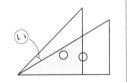

とき方 三角じょうぎの３つの角は
（90°, 45°, 45°）と（90°, 60°, 30°）
になっています。

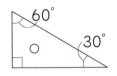

あの角の大きさは 30°＋45°＝□°

いの角の大きさは 45°－30°＝□°

答え あ □° い □°

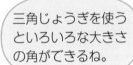

三角じょうぎを使う
といろいろな大きさ
の角ができるね。

❶ 次のあ，いの角の大きさは何度ですか。

① 式

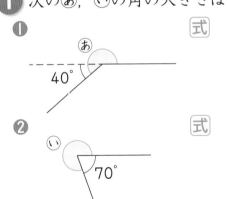

答え（　　　　　）

② 式

答え（　　　　　）

半回転…180°

１回転…360°

180°や360°を使っ
て求めるんだよ。

❷ 右の図は，１組の三角じょうぎを組み合わせたものです。

① あの角の大きさは何度ですか。

式

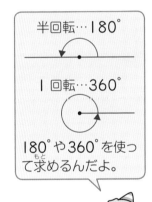
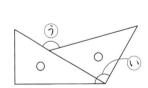

答え（　　　　　）

② いの角の大きさは何度ですか。

式

答え（　　　　　）

③ うの角の大きさは何度ですか。

式

答え（　　　　　）

 三角じょうぎの角度をわすれないようにしましょう。

③ 角や三角形をかいて考える問題
きほんのワーク

答え 5ページ

やってみよう

☆右の図にはたくさんの点があります。点アを頂点（ちょうてん）として，55°の角をかき，点イを頂点として 35°の角をかいて三角形をつくると，その三角形の中に点はいくつ入りますか。点ア，イはのぞいて数えることにします。

とき方　実さいに三角形をかいて，数えてみましょう。

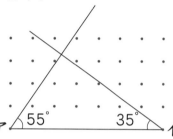

１つの辺（へん）の長さとその両はしの角の大きさがわかると，三角形は１つに決まるんだよ。

答え □ こ

① まわりの長さが 9 cm の正三角形があります。

❶ この正三角形の１つの辺の長さは何 cm ですか。

式

正三角形は，3つの辺の長さが等しい三角形だね。

答え（　　　　　　　）

❷ この正三角形を，じょうぎとコンパスを使って右の □ の中にかきましょう。

❸ この正三角形の１つの角の大きさは何度ですか。分度器（ぶんどき）を使ってはかりましょう。

（　　　　　　　）

❹ ❸ではかっていない残（のこ）りの２つの角の大きさはそれぞれ何度ですか。分度器を使ってはかりましょう。

（　　　　　，　　　　　）

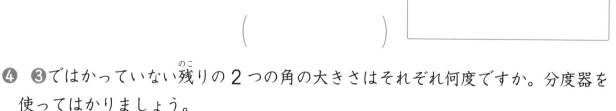

 次の(1)～(3)のいずれかが決まると，三角形は１つに決まります。
(1) 3つの辺の長さ　(2) 2つの辺の長さとその間の角の大きさ　(3) 1つの辺の長さとその両はしの角の大きさ

まとめのテスト

時間 **20**分

答え 5ページ

とく点 /100点

1 よく出る 分度器を使って，あ～うの角の大きさをはかりましょう。　1つ10〔30点〕

①
②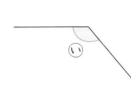
③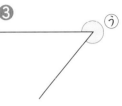

（　　　　　　　）　（　　　　　　　）　（　　　　　　　）

2 右の図は，1組の三角じょうぎを組み合わせたものです。　1つ8〔32点〕

① あの角の大きさは何度ですか。

式

答え（　　　　　　　）

② いの角の大きさは何度ですか。

式

答え（　　　　　　　）

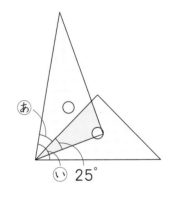
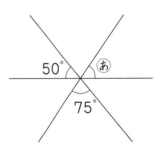

3 右の図のように，3本の直線が1つの点で交わっています。あの角の大きさは何度ですか。　〔18点〕

（　　　　　　　）

4 よく出る 下の図の三角形を　　の中にかきましょう。　1つ10〔20点〕

①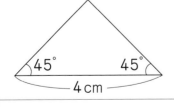
45° 45°
4cm

②
50° 35°
4cm

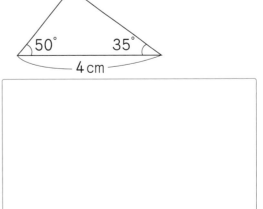

① 垂直な2直線を見つける問題
きほんのワーク

答え 5ページ

やってみよう

☆右の図で，垂直な2直線はどれとどれですか。

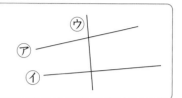

とき方 2本の直線が交わってできる角が直角のとき，その2本の直線は □ であるといいます。

直角かどうかは，分度器や三角じょうぎの直角を使って調べればいいんだよ。

直線⑦と直線⑨がつくる角は，どれも直角になっていません。

直線⑦と直線⑨がつくる角は，どれも □ になっています。

答え 直線 □ と直線 □

❶ 右の図で，垂直な2本の直線の組み合わせをすべて書きましょう。

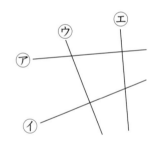

(　　　　　　　　)

❷ 右の図で，直線⑦に垂直な直線はどれですか。すべて書きましょう。

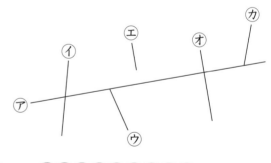

(　　　　　　　　)

❸ 点アを通って，直線⑦に垂直な直線をかきましょう。

❶ 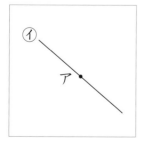　　❷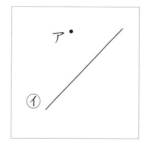

作図のしかた（垂直）

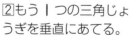

① 三角じょうぎの1辺を直線⑦に合わせる。

② もう1つの三角じょうぎを垂直にあてる。

↓

③ ②のじょうぎを，点アまでずらして，点アを通る直線をひく。

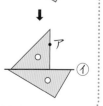

ポイント 2直線が垂直のとき，交わってできる4つの角は，どれも直角になります。

② 平行な2直線を見つける問題
きほんのワーク

答え 5ページ

やってみよう

☆下の図で，平行な2直線はどれとどれですか。

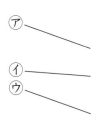

とき方 右の図のように，直線⑦に垂直な直線⑤をひいて調べます。

直線⑦と直線⑤は，垂直になっていません。

直線⑦と直線⑤が交わってできる角は，直角だから，この2本の直線は

☐ です。

直線⑤に垂直な直線⑦と直線⑦は

☐ です。

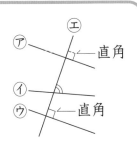

1本の直線に垂直な2本の直線は平行になっているね。

たいせつ
・2本の平行な直線のはばは，どこも等しくなっています。
・平行な直線は，どこまでのばしても交わりません。
・平行な直線はほかの直線と等しい角度で交わります。

答え 直線 ☐ と直線 ☐

❶ 右の図で，平行な2本の直線の組み合わせをすべて書きましょう。

(　　　　　)

❷ 右の図で，直線⑦に平行な直線はどれですか。すべて書きましょう。

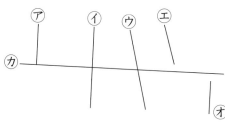

(　　　　　)

❸ 点アを通って，直線⑦に平行な直線をかきましょう。

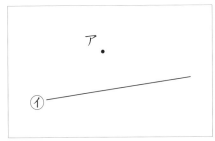

作図のしかた（平行）

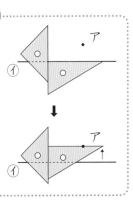

①三角じょうぎの1辺を，図のように直線⑦に合わせ，もう1つの三角じょうぎの1辺を，直角をつくる辺に合わせる。
②直線⑦に合わせたじょうぎを，点アまでずらして，点アを通る直線をひく。

ポイント 2まいの三角じょうぎを使うと平行な直線をひくことができます。

29

③ 平行四辺形のせいしつを利用してとく問題
きほんのワーク

答え **5ページ**

☆右の図で，直線㋐と直線㋑，直線㋒と直線㋓は，それぞれ平行です。角㋔，角㋕の大きさは，それぞれ何度ですか。

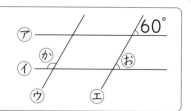

とき方 直線㋓は直線㋐，㋑と等しい角度で交わるから，角㋔の大きさは □ °です。また，直線㋑は直線㋒，㋓と等しい角度で交わるから，角㋕と角㋔の左どなりの角の大きさは等しくなります。

角㋕…180° − □ ° = □ °

答え 角㋔ □ ° 　角㋕ □ °

上の図で4本の直線でかこまれた四角形は，平行四辺形になっているよ。

たいせつ🔒

向かい合った2組の辺が平行な四角形を「平行四辺形」といい，向かい合った角の大きさや辺の長さはそれぞれ等しくなっています。

❶ 右の図のような平行四辺形があります。

① 角㋐の大きさは何度ですか。

式

答え（　　　　　　　）

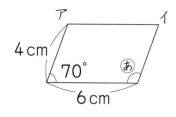

② 辺アイの長さは何cmですか。

（　　　　　　　）

❷ 右の図のように，長方形の紙から三角形を切り取って，2まいの紙が重ならないように，辺エウに辺アイを合わせてならべかえます。何という名前の四角形ができますか。

（　　　　　　　）

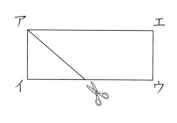

❸ 右の図のように，平行四辺形の頂点アから辺イウに直線をひくと，右側に四角形ができます。

① 何という名前の四角形ができますか。

（　　　　　　　）

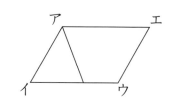

② この四角形には，平行な辺の組は何組ありますか。

（　　　　　　　）

ポイント 向かい合った1組の辺が平行な四角形を「台形」，また，向かい合った2組の辺が平行な四角形を「平行四辺形」といいます。

④ ひし形のせいしつを利用してとく問題
きほんのワーク

答え 6ページ

☆右の図のように，平行四辺形アイウエの中に直線
をひくと，2つの四角形ができます。頂点アをふ
くむほうには何という名前の四角形ができますか。

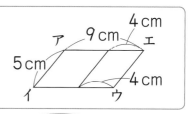

とき方 頂点アをふくむほうにできる四角形の4
つの辺の長さは，すべて [　　] cm になってい
ます。4つの辺の長さがすべて等しい四角形を
[　　　　] といいます。

できる四角形の
4つの辺の長さ
を調べてみよう。

たいせつ 🔒

4つの辺の長さがすべて等しい四角形を「**ひし形**」
といい，向かい合った辺は平行です。また，向か
い合った角の大きさも等しくなっています。

答え [　　　　]

1 右の図のようなひし形があります。

① 角あの大きさは何度ですか。
（　　　　　　　　）

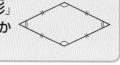

② まわりの長さは何cm ですか。
式

答え（　　　　　　　　）

2 右の四角形はひし形です。
角あの大きさは何度ですか。
式

答え（　　　　　　　　）

平行四辺形でもひ
し形でも，となり
合った角の大きさ
の和はいつも
180°になってい
るよ。

3 右の図のように，1辺の長さが7cm の同じひし形を
4つ合わせたとき，大きなひし形のまわりの長さは
何cm になりますか。
式

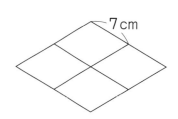

答え（　　　　　　　　）

 ポイント 「ひし形」は4つの辺の長さがすべて等しい四角形です。

⑤ 対角線を考える問題
きほんのワーク

答え 6ページ

やってみよう

☆右の図のように，平行四辺形に対角線を1本ひ きました。対角線をもう1本ひくと，2本の対角 線は垂直ですか。

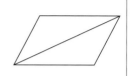

とき方 対角線をもう1本ひい て，交わった点に三角じょう ぎの直角をあててみます。 2本の対角線がつくる角はどれも

[　　　]になっ ていません。

答え 垂直で[　　　]

たいせつ 🔒

四角形の向かい合った頂点を つないだ直線を，「対角線」と いいます。

① 右の図のように，長方形に対角線を1本ひき， その長さをはかったら8cmでした。対角線をもう 1本ひきます。新しくひいた対角線の長さは何cm ですか。

8cm

（　　　　　　　　）

長方形の2本の 対角線の長さは 等しいよ。

② 下のように，四角形に対角線をひきました。❶，❷の特ちょうがいつでもあてはま まる四角形をすべて書きましょう。

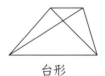 
台形　　　　　　平行四辺形　　　　　　ひし形　　　　　長方形　　　　　正方形

❶ 2本の対角線の長さが等しい。　　　　（　　　　　　　　　　　　　）

❷ 2本の対角線が垂直である。　　　　　（　　　　　　　　　　　　　）

③ 右の図のような2本の直線を対角 線とする四角形は，何という名前の 四角形ですか。

（　　　　　　　　　）

2本の対角線は 垂直だね。 対角線はそれぞ れの真ん中の点 で交わっている から…

ポイント 「対角線の交わり方」，「対角線の長さの関係」など，いろいろな四角形の対角線の特ちょうを 覚えておきましょう。

まとめのテスト

時間 20分

とく点 /100点

答え 6ページ

1 右の図で，平行な2本の直線の組み合わせをすべて書きましょう。 〔14点〕

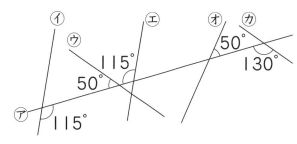

(　　　　　　　　　　　　　　　)

2 右の図のように，1本のテープの上に三角じょうぎを置きます。重なったところにできる四角形は，何という名前の四角形ですか。 〔14点〕

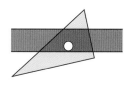

(　　　　　　　　　　　　　　　)

3 右のような中心が同じ2つの円があります。4つの点ア，ク，エ，コを順に結んでできる四角形アクエコは，2つの対角線が，それぞれ真ん中の点で交わるので，平行四辺形です。次の四角形は，何という名前の四角形ですか。 1つ14〔42点〕

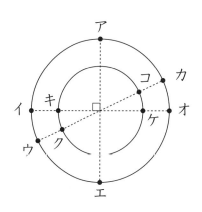

❶ 四角形イウオカ (　　　　　　　　　)

❷ 四角形アキエケ (　　　　　　　　　)

❸ 四角形アイエオ (　　　　　　　　　)

4 右の図のように，直線⑦と直線①に平行な直線をそれぞれ2本ずつかきました。図の中に，平行四辺形は全部で何こありますか。 〔15点〕

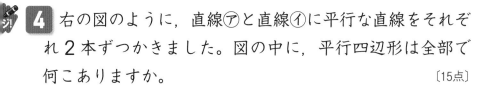

(　　　　　　　　　　　　　　　)

5 右の図のような同じ大きさの三角じょうぎが2まいあります。この2まいを組み合わせて，2組の辺が平行な四角形をつくります。できる四角形の名前をすべて答えましょう。 〔15点〕

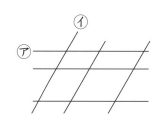

(　　　　　　　　　　　　　　　)

□いろいろな四角形の特ちょうを覚えてたかな？
□ **4** は，向かい合った2組の辺が平行な四角形の数えもれはないかな？

① 小数第二位までのたし算の問題

きほんのワーク

答え 6ページ

やってみよう

☆赤いテープが 3 m 60 cm あります。青いテープは, 赤いテープより 1.28 m 長いそうです。青いテープの長さは何 m ですか。

とき方 たし算を使って, 青いテープの長さを求めます。単位をそろえて, 式をたて, 計算します。

3 m 60 cm ＝ 3.6 m

　　　　＋1.28＝ 　　　　　 **答え** 　　　　 m

小数点をそろえ, 位をそろえる。

```
  3.6 0  ← 3.60 と考える。
+ 1.2 8
───────
        ← 答えの小数点は, 上の小数点にそろえてうつ。
```

たいせつ 🔒

$\frac{1}{10}$ の位(小数第一位)の 1 つ右の位を $\frac{1}{100}$ の位(小数第二位)といいます。また, 0.01 は 0.1 を 10 等分したうちの 1 つ分の大きさになります。

---

1 水がペットボトルに 2 L 2 dL, びんに 0.75 L 入っています。水はあわせて何 L ありますか。

式

```
    |   |   |
  + |   |   |
```

答え（　　　　　　　　　）

---

2 畑でじゃがいもがとれました。おじさんの家に 14.67 kg 送りましたが, まだ 37.38 kg 残っています。じゃがいもは何 kg とれましたか。

式

答え（　　　　　　　　　）

---

3 1 本のリボンをなつみさんと妹で分けました。なつみさんは 1.68 m, 妹は 1.32 m のリボンを取りました。はじめにリボンは何 m ありましたか。

式

答え（　　　　　　　　　）

下の位が0になる計算

```
  1.6 8
+ 1.3 2
───────
  3.0 0
```

答えの小数点より下の位の最後にある 0 は書かずに, 答えは 3 とします。

 小数のたし算も, 整数のときと同じように, 位ごとに計算します。くり上がりも同じです。小数点がそろうように書くことに注意しましょう。

② 小数第二位までのひき算の問題
きほんのワーク

答え 6ページ

やってみよう

☆ 牛にゅうが 0.8 L あります。このうち 0.18 L 飲みました。牛にゅうは何 L 残っていますか。

とき方 残った量(りょう)を求めるときは, ひき算を使います。

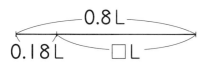

0.8 − 0.18 = 　　　　　　　　答え 　　　　　 L

```
  0.8 0  ← 0.80 と考える。
− 0.1 8
┌─────┐   答えの小数
│     │   点は, 上の
└─────┘   小数点にそ
           ろえてうつ。
```

---

1 白いロープの長さは 9.26 m, 黄色のロープの長さは 7.29 m です。長さのちがいは何 m ですか。

式

```
┌──┬──┬──┐
│  │  │  │
├──┼──┼──┤
−  │  │  │
└──┴──┴──┘
```

答え（　　　　　　　　　　　）

---

2 重さ 450 g のかごにトマトをいくつか入れてはかると, 1.27 kg ありました。トマトの重さは何 kg ですか。

式

> 450 g の単位を kg になおしてから, 計算するんだね。

答え（　　　　　　　　　　　）

---

3 はじめに, はり金が 10.35 m ありました。このうち, 何 m か使ったので, 9.85 m 残りました。はり金を何 m 使いましたか。

式

一の位が 0 のとき
```
  1 0.3 5
−   9.8 5
─────────
    0.5 0
```
小数第二位の 0 は省(はぶ)きます。一の位の 0 を書きわすれないようにしましょう。

答え（　　　　　　　　　　　）

 ひき算もたし算と同じようにして, 位をそろえて筆算で計算します。くり下がりも整数のときと同じようにできます。

35

③ 小数第三位までのたし算・ひき算の問題
きほんのワーク

答え 6ページ

やってみよう

☆ 旅行の荷物の重さをはかったら，6kg145g ありました。重いので 1.05kg へらしました。荷物の重さは何 kg になりましたか。

とき方 重さをへらすので，ひき算を使います。

6kg145g ⟶ ☐ kg

1.05kg ☐kg

☐ ☐.☐☐ ←小数点をそろ
－ 1.0 5　えて書くこと
に注意する。
☐

☐ － 1.05 ＝ ☐　　答え ☐ kg

たいせつ🔒

$\frac{1}{100}$ の位(小数第二位)の1つ右の位を $\frac{1}{1000}$ の位(小数第三位)といいます。また，0.001 は 0.01 を 10 等分したうちの1つ分の大きさになります。

❶ 水が，水そうに 6.23L 入っています。あとから水を 1.245L 入れました。水はあわせて何 L になりましたか。

式

＋

答え（　　　　　　　）

❷ いもほりに行き，ひとみさんは 3.2kg のいもをほりました。ひとみさんのほった重さは，かずきさんより 467g 多かったそうです。

❶ かずきさんは，何 kg のいもをほりましたか。

式

答え（　　　　　　　）

❷ 2人あわせて何 kg のいもをほりましたか。

式

答え（　　　　　　　）

単位をそろえて，式をたて，計算することに注意します。
1dL＝0.1L，1g＝0.001kg，1m＝0.001km などを覚えておきましょう。

まとめのテスト

答え 7ページ

1 よく出る 小さいポリタンクには，水が 1.75L 入ります。小さいポリタンクには，大きいポリタンクよりも 1.25L 少ない量の水が入ります。大きいポリタンクには，水が何L 入りますか。 1つ10〔20点〕

式

答え（ 　　　　　 ）

2 3.704kg の荷物と 12856g の荷物をいっしょに運びます。荷物の重さは，全部で何kg になりますか。 1つ10〔20点〕

式

答え（ 　　　　　 ）

3 よく出る すなが 125.53kg ありました。トラックで何kg か運んだところ，残りは 110.65kg になりました。すなを何kg 運びましたか。 1つ10〔20点〕

式

答え（ 　　　　　 ）

4 駅から山のふもとまで 614m，ふもとから山のちょう上までは 6.295km あります。くにこさんは駅からちょう上に向かって 3km50m 歩きました。 1つ10〔40点〕

❶ ちょう上までの残りの道のりは何km ですか。

式

答え（ 　　　　　 ）

❷ くにこさんが歩いた道のりとちょう上までの残りの道のりでは，どちらが何km 長いですか。

式

答え（ 　　　　　 ）

チェック✔ □小数のたし算，ひき算が正しくできたかな？
□単位をそろえて計算することができたかな？

① 何十でわる計算の問題
きほんのワーク

答え 7ページ

☆画用紙が120まいあります。1人に20まいずつ配ると，何人に配ることができますか。

とき方 120から20が何ことれるかを求めるので，わり算を使います。 ➡ 120÷ ◻

120は10を12こ，20は10を2こ集めた数と考えるんだね。

10 10 10 10 10 10
10 10 10 10 10 10

120÷20の商は，10をもとにすると，

12÷ ◻ の商と等しくなります。

120÷20= ◻   答え ◻ 人

ちゅうい

20を6倍して，わられる数の120になるかたしかめましょう。

1 色紙が240まいあります。40まいずつふくろに入れると，何ふくろできますか。

式

答え (   )

2 170cmのリボンを50cmずつ切っていくと，リボンは何cmあまりますか。

式

10をもとにすると，商は，17÷5の商と同じだけど，**あまりは，10×(あまりの数)**だね。たしかめをすると，はっきりとわかるよ。

答え (   )

3 250このりんごを，30こずつ箱につめていきます。何箱できて，何こあまりますか。

式

答え (   )

ポイント 10がいくつ集まった数かを考えて計算しましょう。また，何十でわったときの「あまり」の大きさに注意しましょう。

② （2けた）÷（2けた）の問題 (1)
きほんのワーク

答え 7ページ

☆えん筆が68本あります。17本ずつ組にすると，何組できますか。

とき方 68から17が何ことれるかを求めるので，わり算を
使います。➡ 68÷ □

わり算をするときは，まず，わられる数やわる数を何十の数
とみて，商の見当をつけます。

68 → 70，17 → 20 とみると，
「70÷20 → 7÷2＝3 あまり1」
商を3とすると17×3＝51で，
68から51をひくと17になるから，
商を1大きい4として計算します。

68÷17＝ □   答え □ 組

$$17)\overline{6\ 8}$$

たいせつ 🔒
見当をつけた商（かりの商）が大きすぎたら，商を1ずつ小さくし，小さすぎたら，商を1ずつ大きくしていきます。

1 1まい13円のシールは，91円では何まい買えますか。

式

答え（ 　　　　　　 ）

2 84このボールを，14クラスに同じ数ずつ配ります。1クラスに何こボールを配ることができますか。

式

答え（ 　　　　　　 ）

3 1ふくろ12こ入りのあめを8ふくろ買ってきて，24人の子どもに同じ数ずつ分けると，1人何このあめがもらえますか。

式

答え（ 　　　　　　 ）

ポイント （2けた）÷（2けた）のわり算をするときは，商は一の位にたちます。商の見当をつけて計算することが大切です。

③ (2けた)÷(2けた)の問題(2)
きほんのワーク

答え 7ページ

やってみよう

☆消しゴムが87こあります。この消しゴムを1箱に12こずつつめると, 何箱できて, 何こあまりますか。

とき方 12こずつに分けるので, わり算を使います。

➡ 87÷ □

87 → 80, 12 → 10とみて, 商の見当をつけます。

「80÷10=8」 商を8とすると, 12×8=96で,

87より大きい(商が8では大きすぎる)ので,

商を1小さい7として計算します。

87÷12= □ あまり □

答え □ 箱できて, □ こあまる。

$$12\overline{)87}$$

たいせつ

「(わる数)×(商)+(あまり)」が「わられる数」になるかたしかめます。

$$12 × 7 + 3 = 87$$

わる数 / 商 / あまり / わられる数

1 くりを94こ拾いました。18こずつふくろにつめると, 何ふくろできて, 何こあまりますか。

式

答え (   )

2 チョコレートを72こ買いたいと思います。チョコレートは16こ入りのふくろづめのものと, ふくろづめにしないばらのものがあります。16こ入りのふくろを何ふくろと, ばらを何こ買えばよいですか。ただし, ばらは16こより少なくします。

式

答え (   )

3 98人が, 1列に15人ずつならびます。全部で何列できますか。

式

残った人がならぶ列も1列と数えるね。

答え (   )

ポイント あまりがあるときは, (わる数)×(商)+(あまり)=(わられる数)でたしかめをしておきましょう。

④ （3けた）÷（2けた）の問題（1）
きほんのワーク

答え 7ページ

☆108cm のリボンを 18 等分します。1 本の長さは何 cm になりますか。

とき方 同じ長さの 18 本のリボンに分けるので，わり算を使います。 ➡ 108÷ □

108 → 100, 18 → 20 とみて，商の見当をつけます。 「100÷20=5」

商が 5 では小さすぎるので，1 ずつ大きくして，商を見つけます。

108÷18= □   答え □ cm

① 196 ページある本を，1 日 28 ページずつ読むと，何日で読み終わりますか。

式

答え（　　　　　　　　）

② 同じ形の小さな三角形の色板をならべて，右のような三角形をつくりました。小さな三角形の色板が 144 まいあるとき，右のような三角形は何こできますか。

式

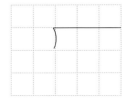

答え（　　　　　　　　）

③ 9m のひもを 15 等分します。1 本の長さは何 cm になりますか。

式

9m は何 cm かな。十の位から商がたつよ。省くことができます。

答え（　　　　　　　　）

 わられる数が 3 けたの数で，わる数が 2 けたの数のとき，わる数とわられる数の大きさによって，十の位に商がたつときと一の位に商がたつときがあるよ。

⑤ （3けた）÷（2けた）の問題⑵
きほんのワーク

答え **7ページ**

やってみよう

☆ たまねぎが 34 こ入る箱があります。725 このたまねぎをこの箱につめていくと，何箱できて，何こあまりますか。

とき方 725 の中に 34 がいくつあるかを求めるので，わり算を使います。

725 ÷ □ ＝ □ あまり □

答え □ 箱できて， □ こあまる。

さんこう
たしかめ　34×21＋11＝725

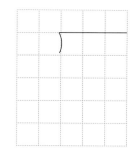

← まず十の位に商がたつ。

34）725

← もう一度わり算する。

← わる数より小さいので，この数があまりになる。

1 セメント 873 ふくろをトラックで運びます。1 台に 45 ふくろ積むと，全部のふくろを運ぶには，トラックは何台必要ですか。

式

答え（　　　　　　　）

2 319 まいの紙を 25 まいずつ束にします。何束できて，何まいあまりますか。

式

答え（　　　　　　　）

十の位の計算，一の位の計算と順に計算していくのね。

3 860 円で，95 円のノートは何さつ買えますか。

式

答え（　　　　　　　）

ポイント わられる数が 3 けたになっても，筆算のしかたは同じです。商の見当をつけて，商が何の位にたつかに気をつけてわり算しましょう。

⑥ (4けた)÷(2けた)の問題・(4けた)÷(3けた)の問題
きほんのワーク

答え 7ページ

☆1800円で，1本65円のえん筆は何本買えて，いくらあまりますか。

とき方 1800の中に65がいくつあるか
を求めるので，わり算を使います。

➡ 1800÷65

わられる数の上から2けたをとった数

▢ がわる数の65より小さいので，

商は十の位にたちます。

1800÷65＝▢ あまり▢

答え ▢ 本買えて，▢ 円あまる。

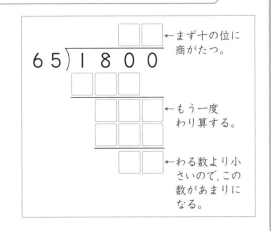

←まず十の位に
商がたつ。

←もう一度
わり算する。

←わる数より小
さいので，この
数があまりに
なる。

1 1139まいの画用紙を13まいずつ配ると，何人に配る
ことができて，何まいあまりますか。また，答えのたしかめ
もしましょう。

式

答え (   )

たしかめ (   )

(4けた)÷(3けた)の
計算では，わられる数
の上から3けたの数
の大きさで，商の見当
をつければいいんだね。

2 5200円で，714円のコップは何こ買えて，何円あま
りますか。

式

答え (   )

3 番号をつけた箱を，1番から順に225こずつトラックで運
びます。3470番の箱は，何台目のトラックで運ばれること
になりますか。

式

答え (   )

 (わる数)×(商)＋(あまり)＝(わられる数)でたしかめができます。あまりが出たときは，た
しかめをするようにしましょう。

43

⑦ わり算のきまりを使ってとく問題
きほんのワーク

答え 8ページ

やってみよう

☆2700円では，1さつ300円の手帳が何さつ買えますか。

とき方 2700の中に300がいくつある
か求めるので，わり算を使います。

➡ 2700÷ [　　　]

2700÷300の商は，100をもとに
すると，27÷3の商と等しくなります。

答え [　　] さつ

$$2700 ÷ 300 = ⑨$$
$$↓ ÷100 \quad ↓ ÷100 \quad 等しい$$
$$27 ÷ 3 = ⑨$$

筆算は，右
のようにな
ります。

$$300 \overline{)2700}$$

---

1 1このケーキをつくるのに，400gの小麦粉がいります。
1200gの小麦粉でケーキは何こつくれますか。

式

答え（　　　　　　　　　　　）

---

2 1さつ700円の本があります。3900円では，
何さつ買えて，何円あまりますか。

式

答え（　　　　　　　　　　　）

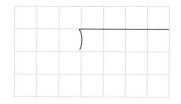

3900÷700の商は，
39÷7＝5 あまり4
の商と等しいけど，
あまりは
100×(あまりの数)
になるよ。

$$700 \overline{)3900}$$
$$\underline{35}$$
$$400$$

商 5

---

3 1こ350gのかんづめが何こかあります。全部をいっ
しょにして重さをはかると2800gありました。かんづ
めは全部で何こありますか。

式

答え（　　　　　　　　　　　）

わり算では，わられる
数とわる数に同じ数を
かけても商は同じだよ。

終わりに0のある数のわり算は，わる数とわられる数の0を同じ数だけ消してから計算す
ることができます。あまりには消した0の数だけ0をつけます。

⑧ かんたんな割合
きほんのワーク

答え 8ページ

やってみよう

☆赤いゴムひもと青いゴムひもがあります。赤いゴムひもを30cmに切ってのばしたら90cmまでのび，青いゴムひもを60cmに切ってのばしたら120cmまでのびました。どちらがよくのびるゴムひもですか。

とき方 赤いゴムひもと青いゴムひもについて，のばす前と後の長さの差はどちらも□cmなので，のばした後の長さが，それぞれのばす前の長さの何倍になっているか考えます。

赤いゴムひも

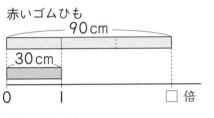

$90÷30=3$
より，□倍

たいせつ🔒
もとにする大きさを1とみたとき，
くらべられる大きさがどれだけにあたるかを表した数を**割合**といいます。

青いゴムひも

$120÷60=2$
より，□倍

のばす前の長さを1とみたときの，のばした後の長さの割合は，赤いゴムひもは□，青いゴムひもは□なので，□ゴムひものほうがよくのびるといえます。

答え □ゴムひも

1 ゴムひもＡとゴムひもＢについて，のび方をくらべます。ゴムひもＡとゴムひもＢをいっぱいまでのばした長さは，下の表のとおりです。どちらがよくのびるといえますか。

	のばす前の長さ(cm)	のばした後の長さ(cm)
A	12	24
B	6	18

（　　　　　）

2 ＡスーパーとＢスーパーで，きゅうり1本のねだんを調べたら，次のようにね上がりしていました。どちらのスーパーのほうが大きくね上がりしたといえますか。

Ａスーパー：ね上がり前50円 ⇒ ね上がり後100円
Ｂスーパー：ね上がり前30円 ⇒ ね上がり後90円

（　　　　　）

ポイント もとにする大きさを1として，くらべられる大きさがもとの大きさの何倍になっているかをそれぞれ求めてくらべます。

まとめのテスト①

時間 20分

とく点 /100点

答え 8ページ

1 よく出る 640円で，1さつ80円のノートは何さつ買えますか。　1つ10〔20点〕

式

答え（　　　　　　　）

2 93まいの色紙があります。17まいずつ束にして，クリップでとめます。残った色紙もクリップでとめると，クリップは何こいりますか。　1つ10〔20点〕

式

答え（　　　　　　　）

3 よく出る 78このビーズを使ったストラップがあります。764このビーズでは，何本つくれて，ビーズは何こあまりますか。　1つ10〔20点〕

式

答え（　　　　　　　）

4 ある店では，りんごともものねだんが次のようにね上がりしました。

	ね上がり前(円)	ね上がり後(円)
りんご	120	360
も も	240	480

りんごとももでは，ねだんの上がり方が大きいのは，どちらですか。　1つ10〔20点〕

式

答え（　　　　　　　）

5 よく出る 定員が26人の乗馬教室に希望者が208人集まりました。希望者は定員の何倍いますか。　1つ10〔20点〕

式

答え（　　　　　　　）

チェック ✓
□ あまりを1つ分と考えるときと考えないときのちがいが区別できたかな？
□ 割合を求めるとき，もとにする大きさを正しく決めることができたかな？

まとめのテスト②

答え 8ページ

時間 **20**分

とく点 /100点

1 よく出る 96 このじゃがいもを 16 こずつ箱に入れると，何箱できますか。

式 　　　　　　　　　　　　　　　　　　　　　　　　　　1 つ10〔20点〕

答え (　　　　　　　　)

2 のび方のちがう平たいゴムあとゴムいがあります。ゴムあを 15 cm，ゴムいを 5 cm 切り取って，いっぱいまでのばしたら，それぞれ 30 cm と 20 cm になりました。どちらがよくのびるゴムひもですか。　　　　1 つ10〔20点〕

式

答え (　　　　　　　　)

3 つよしさん，まゆみさん，きみえさんの 3 人が，「966 ÷ 13」の計算をしたところ，計算結果がちがいました。

つよし…73 あまり 4　　　まゆみ…74 あまり 4　　　きみえ…73 あまり 17

正しい結果はだれか答えましょう。　　　　　　　　　　　　　〔20点〕

(　　　　　　　　)

4 よく出る 学校の記念行事で手紙をつけた風船を飛ばしました。飛ばした風船の数は，返事がきた手紙の数の 75 倍の 1350 こでした。返事がきた風船は何こですか。　1 つ10〔20点〕

式

答え (　　　　　　　　)

 5 はり金を 18 cm ずつ切る機械があります。今，36 m のはり金をこの機械にかけて切ってから，18 cm のはり金を 12 本ずつふくろに入れると，何ふくろできて，何本あまりますか。　　　　　　　　　　　　　　　　　　　　1 つ10〔20点〕

式

答え (　　　　　　　　)

 □ (わる数)×(商)＋(あまり)から「わられる数」が求められたかな？
□ 長さの単位をそろえて計算することができたかな？

① （　）を利用してとく問題(1)
きほんのワーク

答え 8ページ

やってみよう

☆150円のパンと380円のジャムを買って，600円を出しました。おつりはいくらですか。

とき方　ことばの式にあてはめてみます。

（出したお金）－（品物の代金）＝（おつり）
　　　↓　　　　　　　　　↓
　　　600　　　　　150＋380

ここで，品物の代金の部分に（　）を使って，
１つの式に表し，おつりを求めると，

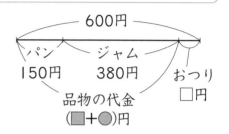

600円
パン　　ジャム　　おつり
150円　　380円　　□円
品物の代金
（■＋●）円

☐ －（150＋ ☐ ）＝ ☐ です。
　　　　　　　　　①
　　②

たいせつ
（　）のある式では，（　）の中
をひとまとまりとみて，先に
計算します。

答え ☐ 円

❶ 240ページある物語を，１日目に86ページ，2日目は74ページ読みました。あと何ページ残っていますか。

式

答え（　　　　　　　）

１日目と2日目で読んだ
ページ数を（　）を使って
ひとまとまりにして，１
つの式に表してみよう。

❷ 1200mLの牛にゅうを3つのコップに分けました。2つのコップには，それぞれ325mLと475mL入っています。もう１つのコップには何mL入っていますか。

式

答え（　　　　　　　）

❸ 朝のラジオ体そうに67人集まりました。中学生が23人，小学生が27人いて，残りは大人でした。大人は何人いましたか。

式

答え（　　　　　　　）

ポイント　（　）を使うと，１つの式で表すことができます。（　）のある式では，（　）の中を先に計算します。

② （ ）を利用してとく問題(2)
きほんのワーク

答え 9ページ

☆重さ20gのケースの中に130gのコンパスが1つ入っています。これを15ケース用意すると，全部で重さは何gになりますか。

とき方 ことばの式にあてはめて，1つの式に表してみると，

（1ケース全体の重さ）×（こ数）＝（全部の重さ）

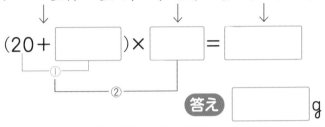

1ケース全体の重さ
➡ケースの重さ
　＋コンパスの重さ
だね。これを（ ）を使って表して，1つの式をつくろう。

答え ◻ g

1 画用紙を1人に6まいずつ配ります。男子8人，女子12人に配るとき，画用紙は全部で何まいいりますか。

式

答え（　　　　）

2 けんいちさんは800円持っています。あと200円ためて，ボールを4こ買うつもりです。ボール1このねだんはいくらですか。

式

答え（　　　　　　）

3 100まいの色紙のうち10まいを使ってから，5人で同じ数ずつ分けると，1人分は何まいになりますか。

式

分ける色紙のまい数を（ ）を使って表して，1つの式をつくってみよう。

答え（　　　　　）

4 1こ80円の品物が15円安くなっていたので，780円分買いました。全部で何こ買いましたか。

式

答え（　　　　　）

ポイント （ ）のある式では，かけ算やわり算よりも先に（ ）の中を計算します。

9 計算のきまり

③ ×，÷を入れて1つの式にする問題
きほんのワーク

答え 9ページ

やってみよう

☆1こ230円のももを4こ買って，1000円出しました。おつりはいくらですか。

とき方 図をかいて考えます。

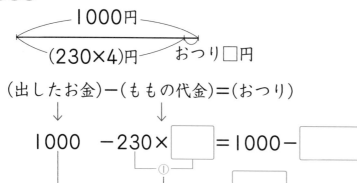

（出したお金）−（ももの代金）＝（おつり）
↓　　　　　　　↓
1000　−230×[　] ＝1000−[　]
　　　　　　　①
　　　　②　　　　　　＝[　]

ちゅうい
式の中のかけ算やわり算は，ひとまとまりの数とみて，たし算やひき算よりも先に計算するので，（　）を省くことができます。

答え [　] 円

1 作文用紙が400まいあります。1人に10まいずつ34人に配ると，何まい残りますか。

式

答え（　　　　　　　　）

2 重さが200gの箱に，1ダースの重さが720gの板チョコが半ダース入っています。全体の重さは何gになりますか。

式

半ダースは1ダース（12こ）の半分ね。

答え（　　　　　　　　）

3 ちひろさんは1000円を持って，友だち2人と出かけました。とちゅうでおかしを960円分買って，代金は3人で同じだけ出し合いました。ちひろさんのお金は，いくら残っていますか。

式

答え（　　　　　　　　）

 ポイント　問題を1つの式に表して答えを求めるとき，式の中のかけ算やわり算はひとまとまりの数とみることに注意します。

④ まとまりを1つの式に表す問題
きほんのワーク

答え 9ページ

☆ 重さ 350 g のみかんのかんづめ 2 つと，405 g のもものかんづめ 3 つを
ふくろに入れると，全体の重さは何gになりますか。ただし，ふくろの重
さは考えないものとします。

とき方 図をかいて考えます。

それぞれのまとまりの式を考えてから1つの式にまとめればいいね。

| みかんのかんづめの重さ | + | もものかんづめの重さ |

を表す式をつくるよ。

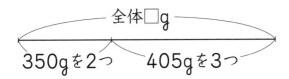

全体□g

350gを2つ　405gを3つ

（みかんのかんづめの重さ）＋（もものかんづめの重さ）＝（全体の重さ）

$350 \times \boxed{} + 405 \times \boxed{} = \boxed{} + \boxed{}$

①　　②

③

$= \boxed{}$　　答え $\boxed{}$ g

 1 1 こ 45 円の消しゴム 20 ことと，1 本 68 円のえん筆を 15
本買うと，代金はいくらですか。

式

答え（　　　　　　　）

2 1 組では 28 人が 4 人ずつのグループをつくり，2 組では
30 人が 5 人ずつのグループをつくります。1 組と 2 組で，
あわせて何グループできますか。

式

それぞれの組にできるグループの数はわり算で求めればいいね。

答え（　　　　　　　）

3 1 さつ 310 円のドリルを 12 人分買うつもりでしたが，代金の計算を
130×21 として集金してしまいました。お金はいくら足りなくなりましたか。

式

答え（　　　　　　　）

 ポイント　計算の順じょ→1ふつうは，左から順に計算　2（　）があれば，（　）の中を先に計算
3かけ算やわり算は，たし算やひき算より先に計算

⑤ 計算のきまりを使ってくふうする問題
きほんのワーク

答え 9ページ

☆ 1箱の重さが 102 g のあめを，26 箱買います。重さは，全部で何 g になりますか。

とき方 102＝100＋☐ と考えると，重さを求める式は，

102×26＝（100＋☐）×26

となります。計算のきまりを使うと，

（100＋☐）×26

＝100×26＋☐×26

＝2600＋☐＝☐

102×26 を筆算でしてもいいよ。でも，100 のかけ算は計算しやすいから，ふくざつな計算をするより，まちがいが少なくなるね。

（　）を使った式の計算のきまり

（■＋●）×▲＝■×▲＋●×▲
（■－●）×▲＝■×▲－●×▲

答え ☐ g

❶ 1さつ 98 円のノートを 42 さつ買います。代金はいくらですか。

式

答え（　　　　　）

98＝100－2 と考えて，
98×42＝（100－2）×42
として，計算のきまりを使ってみよう。

❷ 1.4 m のテープがあります。友だちから長さ 3m と 0.6 m のテープをもらいました。テープは全部で何 m になりますか。

式

答え（　　　　　）

計算のきまり

・（■＋●）÷▲
　　＝■÷▲＋●÷▲
・（■－●）÷▲
　　＝■÷▲－●÷▲
・■＋●＝●＋■
・■×●＝●×■
・（■＋●）＋▲
　　＝■＋（●＋▲）
・（■×●）×▲
　　＝■×（●×▲）

❸ たてに 4 こ，横に 3 こクッキーを入れた箱を 25 箱つくるには，クッキーは何こいりますか。

式

答え（　　　　　）

ポイント いろいろな計算のきまりを使って，計算のくふうができるようにしましょう。

まとめのテスト

とく点

/100点

答え 9ページ

1 175円のおかしを5円安くしてもらい，200円はらいました。おつりはいくらですか。

1つ10〔20点〕

式

答え （ ）

2 理科の実験で，食塩を1人に35gずつA班14人，B班12人に配ります。食塩を何g用意すればよいですか。

1つ10〔20点〕

式

答え （ ）

3 よく出る 18mのリボンから，2mの長さのリボンを7本切り取ると，何m残りますか。

1つ10〔20点〕

式

答え （ ）

4 1箱に，8こ入りのたまごのパックが6パック入ります。720このたまごを箱につめるとき，何箱いりますか。

1つ10〔20点〕

式

答え （ ）

5 下の図の●の数を，それぞれ次のようにして求めました。どのように考えたのかを，例のように □ でかこんで表しましょう。

1つ10〔20点〕

例 2×7+3×5　　例 5×7−2×3　　❶ 2×8+5×3　　❷ 6×9−2×4

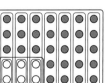

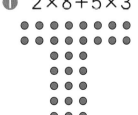

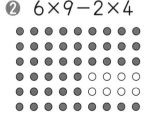

10 □を使ってとく問題

① □にあてはまる数を求める問題
きほんのワーク

答え 9ページ

☆同じこ数のピンポン玉が入っている箱が8つあります。ピンポン玉は全部で96こあります。1箱に入っているピンポン玉の数を□ことして式に表し，□にあてはまる数を求めましょう。

とき方 ことばの式にあてはめて，□を使った式に表します。

（1箱に入っているこ数）×（箱の数）＝（全部のこ数）

□ × 8 ＝ □

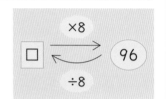

□は，次のように求めます。

□＝ □ ÷ 8

□＝ □　　**答え** □

□は8をかける前の数だから，96を8でわればいいね。

1 バスにお客さんが□人乗っています。バスていで13人おりたので，お客さんは38人になりました。□を使った式に表し，□にあてはまる数を求めましょう。

式（　　　　　）　答え（　　　　　）

2 前回のテストの点数は□点でした。今回は点数が9点上がって，92点になりました。□を使った式に表し，□にあてはまる数を求めましょう。

式（　　　　　）　答え（　　　　　）

3 ジュースが□dLあります。これを18人に等分すると，1人分は2dLになります。□を使った式に表し，□にあてはまる数を求めましょう。

式（　　　　　）　答え（　　　　　）

 わからない数を□とおくと，問題文のとおりに図や式に表すことができます。まず，図や式をかいてから，□の求め方を考えましょう。

まとめのテスト

答え 10ページ

時間 20分

1 みきさんは□円持って買い物に行きました。750円のハンカチを買ったので，残りのお金が450円になりました。□を使った式に表し，□にあてはまる数を求めましょう。

1つ10〔20点〕

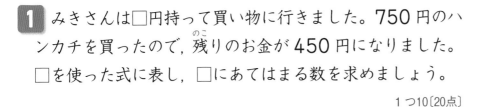

式 (　　　　　　　　) 答え (　　　　　　　　)

2 しんごさんの学校の4年生の人数は□人です。6人ずつの組をつくると，ちょうど15組できました。□を使った式に表し，□にあてはまる数を求めましょう。

1つ10〔20点〕

式 (　　　　　　　　) 答え (　　　　　　　　)

3 1この重さが350gのかんづめ□この重さは，全部で8750gです。□を使った式に表し，□にあてはまる数を求めましょう。

1つ10〔20点〕

式 (　　　　　　　　) 答え (　　　　　　　　)

4 水そうに□Lの水が入っていました。水そうから12Lの水をくみ出したあと，18Lの水を入れたので，全部で53Lになりました。□を使った式に表し，□にあてはまる数を求めましょう。

1つ10〔20点〕

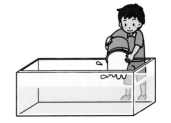

式 (　　　　　　　　) 答え (　　　　　　　　)

5 A市の人口は□人です。B市の人口はA市の人口の3倍より12000人少ない144000人です。□を使った式に表し，□にあてはまる数を求めましょう。

1つ10〔20点〕

式 (　　　　　　　　) 答え (　　　　　　　　)

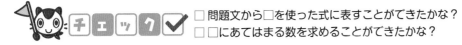

チェック ☑ □問題文から□を使った式に表すことができたかな？
□□にあてはまる数を求めることができたかな？

① ○の位までのがい数を求める問題
きほんのワーク

答え 10ページ

やってみよう

☆右の表は 2 つの市の人口調べの結果を表したものです。それぞれの市の人口は約何万人といえますか。

人口調べ

東市	123907人
西市	128113人

とき方 およその数のことを「がい数」といい、「約○○」と表すことがあります。がい数にするときは、ふつう 四捨五入 で求めます。一万の位までのがい数にするときは、その下の千の位で四捨五入します。

115000　12万　125000　13万　135000

12万に近い	13万に近い

123907　128113
↓　　　↓
120000　130000

123907 の千の位の数字は ☐ だから、切り捨てて、一万の位は ☐ になります。

128113 の千の位の数字は ☐ だから、切り上げて、一万の位は ☐ になります。

たいせつ 🔒
千の位で四捨五入するときは、千の位の数字が、
　0〜4 のとき、切り捨て
　5〜9 のとき、切り上げ
になります。

答え　東市…約 ☐ 人
　　　西市…約 ☐ 人

---

① あるサッカー場の 1 か月の入場者数は 536197 人でした。約何万人入ったことになりますか。

（　　　　　　　）

② ある年の東京都の人口は 13296517 人でした。約何万人といえますか。

（　　　　　　　）

③ 右の表は日本のトンネルの長さを調べたものです。それぞれのトンネルの長さを、四捨五入して、千の位までのがい数にしましょう。

日本のトンネルの長さ

トンネル	都道府県	長さ(m)
青函	青森・北海道	53850
大清水	群馬・新潟	22221
新関門	山口・福岡	18713

青　函（　　　　　　　）

大清水（　　　　　　　）

新関門（　　　　　　　）

千の位までのがい数にするから、百の位で四捨五入すればいいんだね。

 四捨五入は、がい数にするときにもっともよく使われる方法です。求めようとする 1 つ下の位の数字に目をつけて、0〜4 は切り捨て、5〜9 は切り上げます。

② 上から○けたのがい数を求める問題
きほんのワーク

答え 10ページ

☆ エベレスト（チョモランマ）の高さは 8848 m です。この山の高さを四捨五入して上から 2 けたのがい数で表しましょう。

とき方 上から 2 けたのがい数にするには，上から 3 けた目の数字で四捨五入します。

8848 の上から 3 けた目の数字は ☐ だから，

切り捨てて，上から 2 けた目は ☐ になります。

88|4|8 → 8800
↑（上から 3 けた目で四捨五入）

答え ☐ m

さんこう

〈がい数にするほかの方法〉
・切り捨てて，百の位までのがい数にする。
→ 100 に足りないはしたの数を 0 にする。
・切り上げて，百の位までのがい数にする。
→ 100 に足りないはしたの数を 100 とする。

1 次の山の高さを四捨五入して上から 2 けたのがい数で表しましょう。

❶ マナスル 8163 m （ ）

❷ モン ブラン 4810 m （ ）

❸ キリマンジャロ 5892 m （ ）

❹ 富士山 3776 m （ ）

2 右の表は大阪府の人口を調べたものです。

大阪府の人口

年	人口（人）
1960	5504746
2010	8865245

❶ 1960 年の大阪府の人口は約何万人といえますか。
（ ）

❷ 2010 年の大阪府の人口は約何百万人といえますか。
（ ）

❸ 1960 年の大阪府の人口を上から 2 けたのがい数で表しましょう。
（ ）

❹ 2010 年の大阪府の人口を上から 3 けたのがい数で表しましょう。
（ ）

ポイント どの位までのがい数にするのかによって四捨五入する位がちがってきます。1 つ下の位に注目することをわすれないようにしましょう。

③ がい数を利用する問題
きほんのワーク

答え 10ページ

☆ある市の去年の人口は44692人でした。これをぼうグラフに表すとき，1000人を1mmとすると何cm何mmになりますか。

とき方 1000人を1mmで表すので，44692人を千の位までのがい数にします。

44692人 → 45000人

45000が1000の何倍かを考えて，45000人を表す長さを，mmの単位で求めます。

45000 ÷ ☐ = ☐ (mm)   **答え** ☐ cm ☐ mm

千の位までのがい数にするには，百の位で四捨五入すればいいんだね。

1 あるデパートのちゅう車場の1か月の利用台数は61570台でした。これをぼうグラフに表すとき，1000台を1mmとすると何cm何mmになりますか。

式

答え (   )

2 下の表は静岡県の人口を調べたものです。

静岡県の人口

年	人口(人)
1920	1550387
1945	2220358
1970	3089895
1995	3737689
2010	3765007

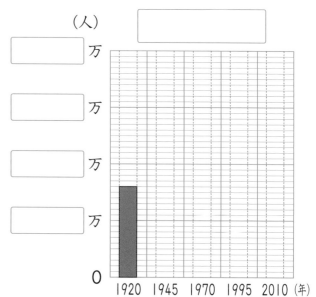

❶ 右のぼうグラフで，グラフのたてのじくの1めもりが表す人数は何万人ですか。

(   )

❷ 右のぼうグラフを完成させましょう。

ポイント ぼうグラフをかくとき，1mmより小さい長さがでないように，四捨五入したがい数を使います。

④ がい数のはんいを考える問題
きほんのワーク

答え 10ページ

☆ あるデパートの入り口で入場者数を調べた結果（けっか）を四捨五入して千の位までのがい数で表すと 25000 人になりました。実さいの人数は何人から何人の間と考えられますか。

とき方 四捨五入して千の位までのがい数にしたとき，25000 になる整数のはんいを考えます。

```
24500   25000   25500
```
百の位を四捨五入して 25000 になるはんい

　□ の位の数が，

　　0～□ のとき，切り捨（す）てて 25000

　　5～□ のとき，切り上げて 25000

になる数だから，次のようになります。

いちばん小さい数… □

いちばん大きい数… □

答え □ 人から □ 人の間

以上・以下・未満
24500 以上（いじょう）…24500 と等しいか，それより大きい数
25499 以下（いか）…25499 と等しいか，それより小さい数
25500 未満（みまん）…25500 より小さい数（25500 は入らない）

❶ ある試合（し）で，入場者数が「約（やく）4 万人」と発表されました。これが四捨五入して一万の位までのがい数で表した数とすると，実さいの人数は何人以上何人以下と考えられますか。

（　　　　　　　　　　　　　）

❷ ある町の人口は四捨五入して上から 2 けたのがい数にしたとき 23000 人になります。この町の人口は，いちばん多くて何人，いちばん少なくて何人ですか。

上から 2 けたのがい数にしているから，百の位で四捨五入しているね。

いちばん多い（　　　　　　）　　いちばん少ない（　　　　　　）

❸ 信濃（しなの）川の長さは四捨五入して十の位までのがい数にすると 370km になります。信濃川の長さとして考えられる数のはんいを求めましょう。

0, 1, 2, …のような整数ではなく，「数」のはんいを求めるので，374.5 のような小数も考えるよ。

（　　　　　　　　　　　　　）

数のはんいを表すとき，以上・以下・未満を使うことがあります。それぞれの使い方になれておきましょう。

⑤ 和と差の見積もりの問題
きほんのワーク

答え 10ページ

やってみよう

☆つよしさんの市のある年の人口は，男が 34280 人，女が 34612 人でした。
市全体の人口は約何万何千人といえばよいですか。がい数(もと)で求めましょう。

とき方 それぞれ千の位(くらい)までのがい数にします。

男…34280 人 → □□□□ 人

女…34612 人 → □□□□ 人

市全体の人口を求めるには，男女の人数をたし算します。

□□□ + □□□ = □□□

答え 約 □□□ 人

たいせつ 🔒
がい数で答えるときは，それぞれの数を四捨五入(ししゃごにゅう)して求める位までのがい数にしてから，計算します。

❶ 北町と南町の人口は，北町が 23463 人，南町が 21530 人です。北町と南町の人口のちがいは約何千人といえばよいですか。がい数で求めましょう。

(　　　　　　　)

人数を千の位までの
がい数にしてから，
ひき算すればいいね。

❷ ある品物を 1 か月の間につくることのできる数は，Ａ工場(エー)で 87940 こ，Ｂ工場(ビー)で 90364 こです。

❶ 合計約何万何千この品物をつくれますか。がい数で求めましょう。

(　　　　　　　)

❷ Ｂ工場はＡ工場より約何千こ多く品物をつくれますか。がい数で求めましょう。

(　　　　　　　)

❸ 2800 円のシャツと 4300 円のズボンと 1650 円のベルトを買おうと思います。1 万円で足りますか。

(　　　　　　　)

ポイント 計算する前にそれぞれの数を求める位までのがい数にすることをわすれないようにしましょう。

⑥ 積と商の見積もりの問題
きほんのワーク

答え 11ページ

☆けいこさんは1周520mある公園の道路を毎朝1周走っています。今までに196日間走り続けました。今までに約何km走りましたか。四捨五入して，上から1けたのがい数にして見積もりましょう。

とき方 ここでは，上から1けたのがい数にするので，上から2けた目で四捨五入します。

520 → [　　] 　　196 → [　　]

[　　] × [　　] = [　　]

520×196を実さいに計算した101920と，左の見積もりをくらべてみよう。

答え 約 [　　] km

1 学芸会にかかる費用212380円を全校児童518人ではらうことにします。1人がはらうお金は，およそいくらになりますか。四捨五入して，上から1けたのがい数にして見積もりましょう。

212380, 518を上から1けたのがい数にして計算すればいいね。

（　　　　　　　　）

2 970円の本を18さつ買おうと思います。代金は，およそいくらになりますか。四捨五入して，上から1けたのがい数にして見積もりましょう。

（　　　　　　　　）

3 219頭の牛が1日に食べた草の重さは1095kgでした。牛1頭は1日に約何kgの草を食べましたか。四捨五入して，上から1けたのがい数にして見積もりましょう。

（　　　　　　　　）

ポイント がい数を使うと，かん単に積や商を見積もることができます。かけ算やわり算のたしかめにも役に立ちます。

まとめのテスト❶

時間 20分

答え 11ページ

とく点

/100点

1 A町とB町の人口は，A町が27814人，B町が32185人です。A町とB町の人口はそれぞれ約何万何千人といえますか。 1つ10〔20点〕

A町 (　　　　　　　)　　　B町 (　　　　　　　)

2 四捨五入して上から2けたのがい数にすると，2600になる整数があります。 1つ10〔20点〕

❶ いちばん小さい整数はいくつですか。

(　　　　　　　)

❷ いちばん大きい整数はいくつですか。

(　　　　　　　)

3 よく出る 右の表はある遊園地の入園者数を表したものです。 1つ20〔40点〕

遊園地の入園者数

時間	人数（人）
午前	13608
午後	6896

❶ 1日の入園者数は，約何万何千人といえますか。がい数で求めましょう。

(　　　　　　　)

❷ 午前の入園者数は午後の入園者数よりも約何千何百人多いですか。がい数で求めましょう。

(　　　　　　　)

4 子ども会の38人でいちごがりに行く計画をたてたところ，全部で81700円かかることがわかりました。1人分はおよそいくらになりますか。四捨五入して，上から1けたのがい数にして見積もりましょう。 〔20点〕

(　　　　　　　)

チェック ✓ □四捨五入（0〜4は切り捨て，5〜9は切り上げ）が正しくできたかな？
□がい数の和や差を正しく求めることができたかな？

まとめのテスト❷

1 よく出る 次の川の長さを四捨五入して百の位までのがい数で表しましょう。

1つ8〔16点〕

❶　ナイル川 6695km （　　　　　　）　　❷　長江 6380km （　　　　　　）

2 ある会社のざっしの売り上げは年の前半の1月から6月までは581900さつで，後半の7月から12月までは606500さつでした。
1つ10〔30点〕

❶　この会社のざっしの売り上げは1年間で約何万さつといえますか。がい数で求めましょう。

（　　　　　　　　　　）

❷　年の前半と後半の売り上げをぼうグラフで表すとき，1万さつを1mmとするとそれぞれ何cm何mmになりますか。

前半 （　　　　　　）　後半 （　　　　　　）

3 右の表は毎日何歩歩いたか万歩計をつけてはかった結果を表したものです。4日間の歩数の合計は，約何万何千歩になりますか。がい数で求めましょう。
〔18点〕

歩いた歩数

曜日	歩数（歩）
月	28417
火	30885
水	35300
木	26948

（　　　　　　　　　　）

4 子ども会のために，215円分のおかしを179人分用意しました。かかったお金はおよそいくらですか。四捨五入して，上から1けたのがい数にして見積もりましょう。
〔18点〕

（　　　　　　　　　　）

5 四捨五入して一万の位までのがい数にすると，810000になる数のはんいを求めましょう。
〔18点〕

（　　　　　　　　　　）

□ ぼうグラフの長さを正しく表すことができたかな？
□ 以上，以下，未満の意味を正しく理かいできているかな？

12 面積

① 長方形や正方形の面積を求める問題
きほんのワーク

答え 11ページ

やってみよう

⭐ 1辺が 3cm の正方形の形をした折り紙があります。この折り紙の面積は何cm² ですか。

とき方 長方形や正方形の面積は，1辺が 1cm の正方形が何こならぶかで表します。1辺が 3cm の正方形の中には，1cm² の正方形が，たてと横にそれぞれ何こあるかを考えます。すなわち，正方形の面積は 1辺×1辺 で求めることができます。

面積は □ × □ = □ （cm²）です。

答え □ cm²

広さのことを**面積**というんだね。

たいせつ 🔒

1辺が 1cm の正方形の面積が 1cm²（1平方センチメートル）です。
・長方形の面積＝たて×横
・正方形の面積＝1辺×1辺

1 次の面積を求めましょう。

❶ たてが 4cm，横が 6cm の長方形の形をしたカードの面積

式

答え（　　　　　　　　）

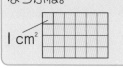

1cm² の正方形が，たてに 4こ，横に 6こ ならぶね。

1cm²

❷ 1辺が 24cm の正方形の形をしたハンカチの面積

式

答え（　　　　　　　　）

2 長さが 20cm のはり金を折り曲げてできるいちばん大きい正方形の面積を求めましょう。

式

答え（　　　　　　　　）

3 面積が 156cm² で，横の長さが 13cm の長方形をかくには，たての長さを何cm にすればよいですか。

式

答え（　　　　　　　　）

ポイント 面積の公式　長方形の面積＝たて×横
正方形の面積＝1辺×1辺

② 大きな面積の単位を使う問題
きほんのワーク

☆ たてが 2 m, 横が 6 m の長方形の形をした花だんがあります。この花だんの面積は何 m² ですか。

とき方 広いところの面積を表すには, 1 辺が 1 m の正方形の面積を単位にして, 1 m² の正方形が何こあるかを考えます。

面積は ☐ × ☐ = ☐ (m²) です。

答え ☐ m²

広さにあった面積の単位を使っていくんだよ。

たいせつ🔒
1 辺が 1 m の正方形の面積が
1 m²(1 平方メートル)です。

❶ 1 辺が 55 m の正方形の形をした公園があります。この公園の面積は何 m² ですか。

式

答え ( )

❷ 畑などの土地の面積は, 1 辺が 10 m や 100 m の正方形の面積を単位にして表すことがあります。1 a(1 アール)＝10 m×10 m＝100 m², 1 ha(1 ヘクタール)＝100 m×100 m＝10000 m² です。

① たてが 30 m, 横が 50 m の長方形の形をしたひまわり畑の面積は何 a ですか。

式

答え ( )

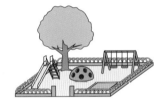

② 1 辺が 400 m の正方形の形をした運動場の面積は何 ha ですか。

式

答え ( )

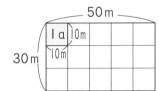

❸ 1 辺が 2 km の正方形の形をした土地の面積を求めましょう。

式

答え ( )

1 辺が 1 km の正方形の面積が
1 km²(1 平方キロメートル)だよ。

1 m²＝1 m×1 m＝100 cm×100 cm＝10000 cm²
1 km²＝1 km×1 km＝1000 m×1000 m＝1000000 m²

65

③ いろいろな形の面積を求める問題
きほんのワーク

答え 11ページ

★下の図のような形をした土地があります。この土地の面積をくふうして求めましょう。

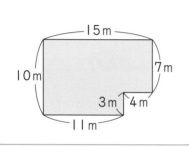

とき方　2つの部分あとⒾに分けて考えます。あは，たてが10m，横が11mの長方形で，Ⓘは，たてが7m，横が4mの長方形だから，求める土地の面積は，

□ × □ ＋ □ × □ ＝ □

答え □ m²

ほかにも，とき方はあるよ。
〈1〉 7×15＋3×11
〈2〉 10×15－3×4

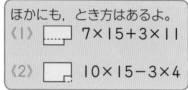

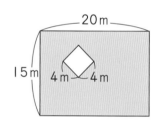

❶ 右の図のように，長方形の形をした土地に正方形の池をつくりました。池をのぞいた土地の面積を求めましょう。

 式

答え （　　　　　　　　）

❷ 右の図のように，長方形の形をした画用紙から長方形を切り取った残りの部分の面積を求めましょう。

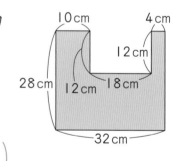

 式

答え （　　　　　　　　）

❸ 右の図のように，長方形の形をした土地に，はば3mの道をつくりました。道をのぞいた土地の面積を求めましょう。

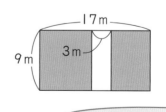 式

道をのぞいた残りの部分をつなげると，たてが9mで，横が（17－3）mの長方形ができるね。

答え （　　　　　　　　）

ポイント　いろいろな形の面積は，2つの部分に分けるなどのくふうをして求めることができます。

まとめのテスト

答え 12ページ

時間 20分

とく点 /100点

1 よく出る たてが12cm，横が15cmの長方形の形をした本の表紙の面積を求めましょう。　1つ7〔14点〕

式

答え（　　　　　　）

2 たてが200cm，横が6mの長方形の形をした花だんがあります。この花だんの面積は何m²ですか。　1つ7〔14点〕

式

答え（　　　　　　）

3 たてが800m，横が5000mの長方形の形をした土地の面積は何aですか。また，何haですか。　1つ6〔18点〕

式

答え（　　　　　　　，　　　　　　　）

4 右の図のように，1辺が10cmの正方形の中に2cmのはばで線をひきました。色のついている部分の面積は何cm²ですか。　1つ8〔16点〕

式

答え（　　　　　　）

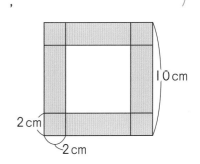

10cm
2cm
2cm

5 大きな長方形から小さな長方形を切りぬいた右の図のような形の面積を計算したら，90cm²ありました。□にあてはまる数を求めましょう。　1つ8〔16点〕

式

答え（　　　　　　）

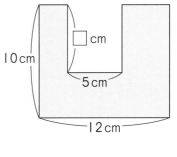

□cm
10cm
5cm
12cm

6 1辺が10cmの折り紙を，右の図のように3まい重ねて置きました。重なっていない部分の面積は何cm²ですか。　1つ11〔22点〕

式

答え（　　　　　　）

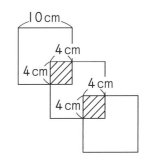

10cm
4cm
4cm
4cm
4cm

 チェック ✓
□ 1a＝100m²，1ha＝10000m²を正しく使うことができたかな？
□ 重なっている部分が全部で4まい分であることに気づいたかな？

67

① （小数）×（整数）の問題(1)

きほんのワーク

答え 12ページ

やってみよう

☆ 1.4 L のジュースが入ったペットボトルが 3 本あります。ジュースは全部で何 L になりますか。

とき方

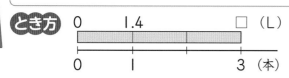

1.4×3 の積は，1.4 を 10 倍した 14×3 の計算をしてから，その積を 10 でわって求めてもいいね。

3 本分のかさを求める式は，1.4×3 です。1.4 L は 0.1 L を 14 こ集めたかさなので，0.1 をもとにして考えると，14×3 ＝ □

0.1 L が □ こ分だから，

1.4×3 ＝ □　　**答え** □ L

$$\begin{array}{r} 1.4 \\ \times\ \ 3 \\ \hline \end{array}$$

←筆算は，右はしをそろえて書き，整数のかけ算と同じように，計算する。

↑ かけられる数にそろえて，積の小数点をうつ。

1 1 箱の重さが 2.6 kg の石けんが 4 箱あります。重さの合計は何 kg になりますか。

式

$$\begin{array}{r} \times \\ \hline \end{array}$$

答え（　　　　　　）

2 8 人のコップに牛にゅうを 0.2 L ずつ入れました。全部で何 L 入れましたか。

式

答え（　　　　　　）

3 ロープを 7 等分したら，1 本の長さは 1.35 m になりました。はじめ，ロープは何 m ありましたか。

式

1.35×7 の積は 1.35 を 100 倍して 135×7 の計算をして，その積を 100 でわってもいいね。

答え（　　　　　　）

（小数）×（整数）の筆算は，整数のかけ算と同じように計算できます。かけられる数にそろえて，積の小数点をうつことに注意しましょう。

② (小数)×(整数)の問題 (2)
きほんのワーク

答え 12ページ

☆1 m の重さが 1.2 kg の鉄のぼうの 13 m 分の重さは何kg ですか。

とき方　13 m 分の重さを求める式は，1.2×13 です。
かける数が 2 けたになっても，考え方や筆算のしかたは同じです。

$$1.2 \times 13 = \boxed{}$$

10倍 ↓　　10倍 ↓　　$\frac{1}{10}$（10でわる。）

$$12 \times 13 = \boxed{}$$

答え $\boxed{}$ kg

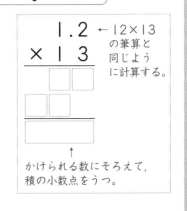

```
   1.2    ←12×13
 × 13      の筆算と
 ┌──┬──┐    同じよう
 │  │  │    に計算する。
 ├──┼──┤
 │  │  │
 ├──┴──┤
 │     │
 └─────┘
```

↑
かけられる数にそろえて，積の小数点をうつ。

1 1.8 L の油が入ったよう器が 17 本あります。油は，全部で何L ありますか。

[式]

```
  ┌──┬──┐
× │  │  │
  ├──┼──┤
  │  │  │
  ├──┼──┤
  │  │  │
  └──┴──┘
```

答え（　　　　　　　）

2 25 人が工作で 1 人 0.66 m ずつ，はり金を使いました。使ったはり金全体の長さは，何m ですか。

[式]

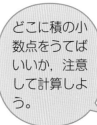
どこに積の小数点をうてばいいか，注意して計算しよう。

答え（　　　　　　　）

3 1 週間に 11.195 km 走っている人は，16 週間では，何km 走ることになりますか。

[式]

答え（　　　　　　　）

　積の小数点以下の最後にある 0 は，書かずに省きます。

③ (小数)÷(整数)の問題(1)

きほんのワーク

答え 12ページ

やってみよう

⭐ 4.5mのロープを3人で等分すると、1人分は何mになりますか。

とき方

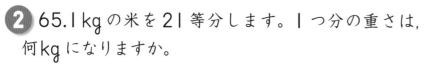

0 　　□ 　　　　4.5 (m)

0 　1 　2 　3 (人)

1人分の長さを求める式は 4.5÷3 です。

4.5mは0.1mが45こ分で、これを3等分

すると、45÷3=□　1人分は

0.1mが□こ分だから、4.5÷3=□

3)4.5 　←一の位の4を3でわる。わられる数の小数点にそろえて、商の小数点をうつ。

答え □ m

1 6.4Lのしょう油を4つのびんに等分しました。1つのびんに何L入りましたか。

式

答え (　　　　　　　)

2 65.1kgの米を21等分します。1つ分の重さは、何kgになりますか。

式

わる数が2けたになっても、考え方や筆算のしかたは同じなのね。

答え (　　　　　　　)

3 同じ重さのビー玉12この重さをはかったら、97.44gありました。ビー玉1この重さは何gですか。

式

答え (　　　　　　　)

ポイント 商の小数点をうつところ以外は、整数のわり算の筆算と同じように計算できます。

④ （小数）÷（整数）の問題 (2)

きほんのワーク

☆まわりの長さが 1.32 m の正三角形があります。1辺の長さは何m ですか。

とき方 正三角形だから，1辺の長さを求める

式は 1.32÷ [　] です。

わられる数の一の位の1は，わる数の [　]

より小さいので，一の位に [　] を書いて，

小数点をうってから計算を進めます。

1.32÷3＝ [　]　　 [　] m

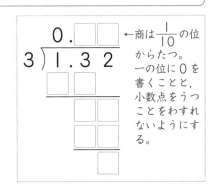

①4.48L のジュースを，8人で等分します。1人分は何L になりますか。

式

答え（　　　　　　　　）

②19.32m の毛糸を 23人で等分すると，1人分は何mに なりますか。

式

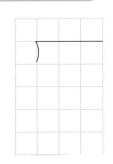

答え（　　　　　　　　）

③0.259kg の塩を 7この入れ物に等分します。1つの入れ物に何kg 入りますか。

式

どの位から商がたつか，注意しよう。商がたたない位には 0 を書くんだね。

答え（　　　　　　　　）

ポイント わられる数の小数点にそろえて，商の小数点をうちます。

⑤ あまりのあるわり算の問題
きほんのワーク

答え 13ページ

やってみよう

☆ 17.5 dL のジュースがあります。コップに 3 dL ずつ入れていきます。ジュースが 3 dL 入ったコップは何こできて，何dL あまりますか。

とき方 コップの数は整数で表されるので，商は一の位まで求めます。あまりの小数点のうち方に注意します。

17.5÷3＝5 あまり □

答え □ こできて，□ dL あまる。

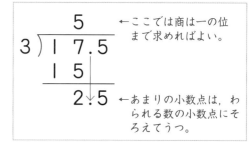

←ここでは商は一の位まで求めればよい。

←あまりの小数点は，わられる数の小数点にそろえてうつ。

ちゅうい
(わる数)×(商)＋(あまり)＝(わられる数)にあてはめて，たしかめをしましょう。

3×5 ＋ 2.5 ＝17.5
└あまりは0.1の25こ分なので，2.5です。

❶ 51.6 m のロープがあります。このロープから 9 m のロープは何本とれて，何m あまりますか。

式

答え（　　　　　　　　　）

❷ 15.8 kg のすながあります。すなを 6 kg ずつふくろにつめると，何ふくろできて，何kg あまりますか。

式

答え（　　　　　　　　　）

❸ 87.6 kg のみそを 7 kg ずつ入れ物に分けます。みそ 7 kg 入りの入れ物は何こできて，何kg あまりますか。

式

答え（　　　　　　　　　）

 小数のわり算で，びんや入れ物のこ数などのように商がつねに整数で表されるものの場合，商は一の位まで計算して，あまりを出します。

⑥ わり進むわり算の問題
きほんのワーク

答え 13ページ

☆ 12mのリボンを8等分すると，1本の長さは何mになりますか。わりきれるまで計算しましょう。

とき方　8等分した長さを求めるので，わり算を使います。

12÷8=1あまり□ ですが，

ここでは，12を12.0と考えて，わり算を続けます。

12÷8=□　　答え □ m

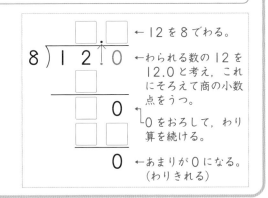

← 12を8でわる。

← わられる数の12を12.0と考え，これにそろえて商の小数点をうつ。

← 0をおろして，わり算を続ける。

← あまりが0になる。（わりきれる）

❶ 30cmのはり金を折り曲げて正方形をつくります。1辺の長さは何cmになりますか。わりきれるまで計算しましょう。

式

30を30.0と考えて，わりきれるまで計算するんだよ。

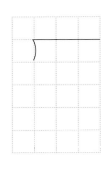

答え（　　　　　　　　）

❷ 8.2Lの麦茶を20このコップに等分して入れると，1つのコップに入る麦茶は何Lになりますか。わりきれるまで計算しましょう。

式

答え（　　　　　　　　）

❸ 1.71kgのえさを18羽のにわとりに等分してあたえました。1羽分は何kgになりますか。わりきれるまで計算しましょう。

式

答え（　　　　　　　　）

 ポイント　わりきれるまでわり算をするときは，わられる数の下の位に0があると考えて，その0をおろしてわり算を進めます。

73

勉強した日　月　日

⑦ 商をがい数で求める問題
きほんのワーク

答え 13ページ

やってみよう

☆6kgのさとうを9等分してふくろにつめると，1ふくろ分は何kgになりますか。答えは四捨五入して，上から1けたのがい数で求めましょう。

とき方 求める式は □ ÷ □ です。

商が $\frac{1}{10}$ の位からたつので，上から1けたのがい数を求めるときは，上から2つめの位の $\frac{1}{100}$ の位まで，わり算をします。

$6 ÷ 9 = 0.6\overset{7}{6}…$

$\frac{1}{100}$ の位で四捨五入すればいいんだね。

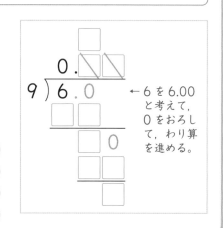

← 6を6.00と考えて，0をおろして，わり算を進める。

答え 約 □ kg

❶ 1.3mのリボンを6等分すると，1本分の長さは約何mになりますか。答えは四捨五入して，上から1けたのがい数で求めましょう。

式

答え（　　　　　　）

❷ はがき16まいの重さをはかったら，46.7gでした。1まいの重さは約何gになりますか。答えは四捨五入して，上から1けたのがい数で求めましょう。

式

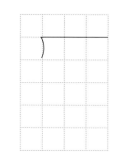

答え（　　　　　　）

❸ 31歩で，ちょうど15m歩きました。このとき1歩の歩はばは，約何mですか。答えは四捨五入して，$\frac{1}{10}$ の位までのがい数で求めましょう。

式

答え（　　　　　　）

74

ポイント わり算の答えを，四捨五入して $\frac{1}{10}$ の位まで求めるときは，商の $\frac{1}{100}$ の位で四捨五入します。

⑧ 何倍かを求める問題・計算のくふうをする問題
きほんのワーク

答え 13ページ

やってみよう

☆ あるゲームで, としおさんは 24 点, ひろみさんは 15 点, とく点しました。
としおさんのとく点は, ひろみさんのとく点の何倍ですか。

とき方

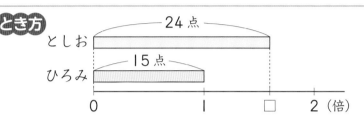

2.5 倍, 1.5 倍のように, 何倍かを表すときにも小数を使うことがあるよ。

もとにするひろみさんのとく点を 1 とみたとき, としおさんのとく点がいくつにあたるかを求めるから, わり算を使います。

$24 \div 15 =$ [　　　]　　　答え [　　] 倍

❶ 1 組と 2 組がそれぞれ同じ数のパンジーのなえを植えました。植え終わるまでにかかった時間は, 1 組が 49 分, 2 組が 35 分でした。1 組は 2 組の何倍の時間がかかりましたか。

式

答え (　　　　　　　)

❷ 長方形の形をした画用紙は, たてが 76 cm, 横が 60.8 cm あります。この画用紙の横の長さは, たての長さの何倍ありますか。

式

くらべる数がもとにする数より小さいとき, 何倍かを表す数は 1 より小さい小数になるよ。

答え (　　　　　　　)

❸ 重さ 1.1 kg の薬品の箱が 150 箱あります。
重さの合計は何 kg ですか。

式

計算のくふう

小数を, 整数と小数部分に分けて, 計算のきまりを使うと, 計算しやすくなることがあります。
1.1 × 150
= (1 + 0.1) × 150
= 1 × 150 + 0.1 × 150

答え (　　　　　　　)

ポイント 2 倍, 3 倍, …のように整数倍だけではなく, 小数を使って何倍かを表すことがあります。

まとめのテスト①

時間 **20**分

とく点 /100点

答え 13ページ

1 よく出る 2.36kg のじゃがいもが入ったふくろが 5 ふくろあります。じゃがいもは、全部で何kg ありますか。 1つ10〔20点〕

式

答え（ 　　　　　 ）

2 面積が 157.68m² で、たてが 18m の長方形の形をした土地の横の長さを求めましょう。 1つ10〔20点〕

式

答え（ 　　　　　 ）

3 11.7dL のジュースを 8 このコップに等分して入れます。1 このコップに入るジュースは約何dL になりますか。答えは四捨五入して、$\frac{1}{10}$ の位までのがい数で求めましょう。 1つ10〔20点〕

式

答え（ 　　　　　 ）

4 駅の売店で、ガムが先週は 78 こ、今週は 65 こ売れました。先週売れたガムのこ数は、今週売れたガムのこ数の何倍ですか。 1つ10〔20点〕

式

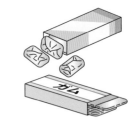

答え（ 　　　　　 ）

5 あつさが 3.2cm ある本が 98 さつあります。この本全部を図のようにならべると、あつさの合計は何cm になりますか。 1つ10〔20点〕

式

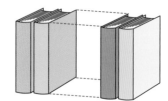

答え（ 　　　　　 ）

□ かけ算とわり算のどちらを使うかを問題から読み取れたかな？
□「長方形の面積＝たて×横」の公式を利用できたかな？

まとめのテスト❷

答え 13ページ

時間 20分

とく点 /100点

1 よく出る えみさんの家には，毎日 1.8dL 入りの牛にゅうが 3 本ずつ配達されます。牛にゅうは，1 週間に全部で何dL 配達されますか。 1つ10〔20点〕

式

答え（　　　　　　　　　）

2 255.86 L のガソリンがあります。1 日に 12 L ずつ使っていくと，何日でガソリンがなくなりますか。 1つ10〔20点〕

式

答え（　　　　　　　　　）

3 よく出る 給食で 11.2 L のスープを 32 人に同じ量ずつ分けました。1 人分のスープは何 L ですか。 1つ10〔20点〕

式

答え（　　　　　　　　　）

4 17m の赤いリボンと 6m の青いリボンがあります。赤いリボンの長さは，青いリボンの長さの約何倍ですか。答えは四捨五入して，上から 2 けたのがい数で求めましょう。 1つ10〔20点〕

式

答え（　　　　　　　　　）

5 工作で 34 人にねん土を 1 人 1.3kg ずつ配ったところ，5.1kg あまりました。あまりが出ないように分けるためには，1 人分のねん土の重さを全部で何kgにすればよいですか。 1つ10〔20点〕

式

答え（　　　　　　　　　）

 チェック ☑ □ 上から●けたのがい数を求めるとき，その次の位まで計算できたかな？
□ **5** は，あまりの分も等分すればよいことに気づけたかな？

14 分 数

① いろいろな分数の問題
きほんのワーク

答え 13ページ

やってみよう

☆次の⑥の正方形で，色がついている部分は $\frac{1}{2}$ を表しています。①～②の色がついている部分が表す分数を書きましょう。

⑥ 　① 　⑦ 　②

とき方　⑥の正方形では，□ つに分けたうちの 1 つ分に色がぬってあるので $\frac{1}{2}$ を表します。①は 4 つに分けた 2 つ分だから $\frac{□}{4}$ ，⑦は 6 つに分けた 3 つ分だから $\frac{□}{6}$ ，②は 8 つに分けた 4 つ分だから $\frac{□}{8}$ です。色がついている部分の大きさは，どれも等しいので，$\frac{1}{2}=\frac{2}{4}=\frac{3}{6}=\frac{4}{8}$ とわかります。

$\frac{1}{2}, \frac{2}{4}, \frac{3}{6}, \frac{4}{8}$ は，表し方はちがっても，大きさの等しい分数だよ。

たいせつ🔒
$\frac{1}{2}=\frac{2}{4}=\frac{3}{6}=\frac{4}{8}=\cdots$ のように，大きさの等しい分数があります。

答え　①□　⑦□　②□

1 右の図を見て，□にあてはまる数を書きましょう。

$\frac{1}{3}=\frac{□}{6}=\frac{3}{□}$

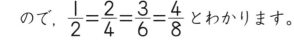

2 （ ）の中の分数を，小さい順に書きましょう。

❶ $\left(\frac{2}{5}, \frac{2}{3}, \frac{2}{10}\right)$ （　　　　　）

❷ $\left(\frac{13}{5}, 2\frac{2}{5}, \frac{12}{7}\right)$ （　　　　　）

❸ $\left(\frac{11}{8}, \frac{12}{9}, \frac{8}{5}\right)$ （　　　　　）

分子が同じときは，分母の大きいほうが分数は小さくなるよ。また，仮分数を帯分数になおすと大きさをくらべやすいね。

ポイント　大きさが等しく表し方のちがう分数はたくさんあります。それらの分数を数直線を使うなどして，見つけられるようにしましょう。

② 分数のたし算の問題
きほんのワーク

答え **14ページ**

☆ 重さ $\frac{3}{7}$ kg のかんに, $\frac{6}{7}$ kg の米を入れました。重さは全部で何 kg ですか。

とき方 重さを求める式は $\frac{3}{7}+\frac{6}{7}$ になります。

$\frac{3}{7}$ や $\frac{6}{7}$ が $\frac{1}{7}$ の何こ分かを考えます。

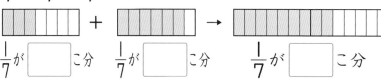

$\frac{1}{7}$ が □ こ分　$\frac{1}{7}$ が □ こ分　→　$\frac{1}{7}$ が □ こ分

$\frac{3}{7}+\frac{6}{7}=$ □

答え □ kg

分母が同じ分数のたし算では，分母はそのままにして，分子だけたすよ。

たいせつ 🔒

$\frac{9}{7}$ を帯分数になおすには，

$\frac{9}{7}$ の中に $\frac{7}{7}$ が何こあるかを考えるので，

$9÷7=①$ あまり ② より，

$\frac{7}{7}=1$ が ① こと，

$\frac{1}{7}$ が ② こと考えて，

$\frac{9}{7}=①\frac{②}{7}$ です。

---

1 白いテープをはじめに $1\frac{5}{6}$ m, 次に $\frac{7}{6}$ m 使いました。使ったテープの長さは，あわせて何 m ですか。

式

答え（　　　　　　　）

2 $2\frac{1}{5}$ dL のコーヒーに $1\frac{2}{5}$ dL の牛にゅうを入れて, コーヒー牛にゅうをつくりました。コーヒー牛にゅうは何 dL できましたか。

式

答え（　　　　　　　）

3 家から学校まで $\frac{9}{10}$ km, 学校から駅まで $2\frac{4}{10}$ km あります。家から学校の前を通って駅へ行くと, 道のりはあわせて何 km ですか。

式

答え（　　　　　　　）

帯分数をふくむたし算

《1》$1\frac{5}{6}$ を $1+\frac{5}{6}$ と考えて（整数部分と分数部分に分けて），帯分数のまま計算

《2》帯分数を仮分数になおして計算

※ $1\frac{5}{6}$ を仮分数にすると, $\frac{1}{6}$ が

（6×1+5）こ分だから, $\frac{11}{6}$ です。

帯分数どうしのたし算

整数部分，分数部分を，それぞれ計算します。

$2\frac{1}{5}+1\frac{2}{5}=3\frac{3}{5}$

答えの分数の部分が仮分数になったら，整数部分にくり上げておこう。

ポイント 帯分数をふくむたし算では，次の2つの方法で計算ができるようにしましょう。
《1》帯分数のままたし算する。　《2》仮分数になおしてからたし算する。

③ 分数のひき算の問題
きほんのワーク

答え 14ページ

☆自転車と電車に乗って東町へ行ったら，あわせて 2 時間かかりました。自転車に乗っていた時間は $\frac{2}{5}$ 時間です。電車に乗っていた時間は何時間ですか。

とき方 電車に乗っていた時間を求める式は
$2-\frac{2}{5}$ になります。

$2=1\frac{5}{5}$ と考えて，ひき算をします。

$2-\frac{2}{5}=1\frac{5}{5}-\frac{2}{5}$

$=\boxed{}$ 答え $\boxed{}$ 時間

ひかれる数から1くり下げて，整数の表し方を変えれば，ひき算できるね。

さんこう
仮分数になおして計算することもできます。
$2=\frac{10}{5}$ より， $\frac{10}{5}-\frac{2}{5}=\frac{8}{5}$

❶ ジュースが $\frac{11}{3}$ L あります。そのうち $\frac{5}{3}$ L を飲むと，残りは何 L になりますか。

式

答え（　　　　　　）

❷ まさとさんの家からデパートまでは $3\frac{5}{8}$ km，運動公園までは $2\frac{3}{8}$ km あります。どちらが何km 近いですか。

式

帯分数どうしのひき算も，たし算のときと同じように整数部分と分数部分を分けて，それぞれ計算するのね。

答え（　　　　　　）

❸ $2\frac{2}{4}$ m のリボンから $\frac{3}{4}$ m 切り取って使いました。リボンは何m 残っていますか。

式

分数部分のひき算ができないとき
ひかれる数の分数に整数から1くり下げます。
$2\frac{2}{4}-\frac{3}{4}=1\frac{6}{4}-\frac{3}{4}$
このほかに，仮分数になおしてから計算することもできます。

答え（　　　　　　）

 問題によって，次の使い分けができるようにしましょう。
《1》帯分数のままひき算する。　《2》仮分数になおしてひき算する。

まとめのテスト

1 下の図のうち, $\dfrac{2}{3}$ の大きさに色がついているものをすべて選び, 記号で答えましょう。　〔20点〕

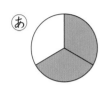

あ　い　う　え　お

（　　　　　　　）

2 2つのびんに, ジュースがそれぞれ $\dfrac{11}{9}$ L と $\dfrac{7}{9}$ L 残っていたので, 大きな空のびんにうつしかえました。大きなびんにジュースは何 L 入りましたか。　1つ10〔20点〕

式

答え（　　　　　　　）

3 青いテープの長さは $\dfrac{27}{7}$ m で, 白いテープより $\dfrac{9}{7}$ m 長くなっています。白いテープの長さは何 m ですか。　1つ10〔20点〕

式

答え（　　　　　　　）

4 のりこさんは, 家からおばさんの家まで行くのに, $5\dfrac{7}{8}$ km バスに乗り, $1\dfrac{2}{8}$ km 歩きました。のりこさんの家からおばさんの家までの道のりは何 km ですか。

式　　　　　　　　　　　　　　　1つ10〔20点〕

答え（　　　　　　　）

5 小麦粉が $6\dfrac{2}{5}$ kg あります。料理に使ったら, $2\dfrac{4}{5}$ kg 残りました。小麦粉を何kg 使いましたか。　1つ10〔20点〕

式

答え（　　　　　　　）

① 変わり方を調べる問題
きほんのワーク

答え 14ページ

やってみよう

☆同じ長さのマッチぼう 16 本を使って，右の図のような長方形をつくります。
たてのぼうの数と横のぼうの数の変わり方を表にして，たてが 5 本のときの横のマッチぼうの数を求めましょう。

とき方 たてのぼうの数を 1，2，……とふやしながら，いろいろな大きさの長方形をつくって調べます。たての数が 1 本ふえると，横の数は □ 本へります。

また，たての数を□，横の数を○とすると，□＋○＝ □ なので，

□が 5 のとき，○＝ □ です。

答え □ 本

表を書いて，たてと横のマッチぼうの数の変わり方を調べるよ。何かきまりがあるかな？

たて（本）	1	2	3	4	5	6	7
横　（本）	7	6	5	4		2	1

たいせつ🔒
2 つの数の間に，どういう関係があるのかを考えます。

① 1 本 100 円のボールペンと 1 本 80 円のえん筆を同じ数ずつ買います。

❶ 買う本数と代金を，右の表にまとめましょう。

買う本数（本）	1	2	3	4	5	6	7
ボールペン（円）	100	200					
えん筆　（円）	80	160					
代金　　（円）	180	360					

❷ 1000 円で，もっとも多く買えるのは，何本ずつのときですか。

（　　　　　　　）

② 右の図のように，同じ長さの竹ひごを使って，正方形を横にならべた形をつくります。正方形を 7 こつくるには，竹ひごは何本いるかを，表にまとめてから求めましょう。

正方形の数　（こ）	1	2	3	4	5	6	7
竹ひごの本数（本）	4	7					

（　　　　　　　）

ポイント 表にしてみると，2 つの数がどのように変わっていくかがわかります。表を横に見たり，たてに見たりして，変わり方を考えましょう。

② 2つの数の変わり方を式に表す問題
きほんのワーク

答え 14ページ

☆ 1辺が 1cm の正三角形を，右の図のように
ならべていきます。だんの数とまわりの長さ
の関係を，表にして，だんの数が 10 だんの
ときの，まわりの長さを求めましょう。

とき方 だんの数とまわりの長さの関係を，表にまとめてみます。

だんの数 （だん）	1	2	3	4
まわりの長さ(cm)	3	6	9	12

この表から，だんの数とまわりの長さの関係は，

（だんの数）× ☐ ＝（まわりの長さ）

になっていることがわかります。

だんの数が 10 だんのときの，まわりの長さは，

10× ☐ ＝ ☐ です。　**答え** ☐ cm

たいせつ🔒
2つの数の関係を式で表す
と，一方の数を決めれば，
もう一方の数を計算で求め
ることができます。表を書
いて，2つの数の和や差，
または，（だんの数）の3倍
かなどを調べて，関係を式
に表します。

---

1 1辺が 1cm の正方形のカードを，
右の図のようにならべて，階だんの形
をつくります。

❶ だんの数とまわりの長さを，下の表にまとめましょう。

だんの数 （だん）	1	2	3	4	5
まわりの長さ(cm)	4				

❷ だんの数が 30 だんのときの，まわりの長さを求めましょう。

式

答え （　　　　　　　）

2 長さ 16cm のろうそくに火をつけ
ると，1分間に 2cm ずつもえます。
もえた時間を☐分，もえた長さを
○cm として，☐と○の関係を，表に
まとめてから，式に表しましょう。

もえた時間 （分）	0	1	2	3	4
もえた長さ（cm）	0	2			

（　　　　　　　　　　　）

ろうそくのもえた長さ
は，もえた時間の何倍
になっているかな。

ポイント 2つの数の関係が式で表されていると，一方の数がわかれば，もう一方の数は計算で求める
ことができて便利です。

まとめのテスト①

1 よく出る　カードを兄は 37 まい，弟は 23 まい持っています。兄が弟に何まいカードをあげると，2 人のカードのまい数が同じになるか調べます。

1つ16〔48点〕

① 下の表を完成させましょう。

あげる数(まい)	0	1	2	3	4	5	6
兄の数　（まい）							
弟の数　（まい）							
ちがい　（まい）							

② あげる数が 1 まいずつふえると，ちがいはどのように変わりますか。

（　　　　　　　　　　）

③ 兄が弟に何まいあげると，2 人のカードのまい数は同じになりますか。

（　　　　　　　　　　）

2 1辺の長さが 12 cm の正方形の形をした紙が 2 まいあります。この 2 まいの紙を，右の図のように，上の辺どうし，下の辺どうしをそろえて重ねていきます。重ねた部分の横の長さを 1 cm，2 cm，……とすると，2 まいの紙の重なった部分の面積がどのように変わるか調べます。　①② 1つ16，③ 1つ10〔52点〕

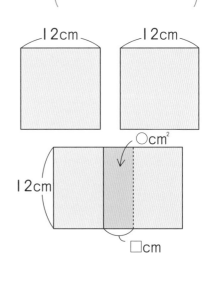

① 横の長さと面積を，下の表にまとめましょう。

横の長さ(cm)	1	2	3	4	5
面積　（cm²）					

② 横の長さを□cm，面積を○cm² として，□と○の関係を式に表しましょう。

（　　　　　　　　　　）

③ 横の長さが 7 cm のとき，面積は何 cm² ですか。

式

答え（　　　　　　　　　　）

□ 2 つの数の変わり方を表にまとめることができたかな？
□ 2 つの数の変わり方のきまりを見つけることができたかな？

まとめのテスト❷

答え 14ページ

時間 **20**分

とく点 /100点

1 | 日の昼の長さを□時間, 夜の長さを○時間として, □と○の関係を式に表しましょう。 〔16点〕

( )

2 よく出る | 辺が 10 cm の正三角形をかきました。もう少し大きくしようと, 2 cm ずつ辺の長さを長くしていきました。 1つ14〔42点〕

❶ 下の表を完成させましょう。

	辺の長さ （cm）	10	12		16	18
まわりの長さ(cm)			42		

❷ | 辺を 2 cm ずつ長くすると, 正三角形のまわりの長さは何 cm ずつ長くなりますか。

( )

❸ | 辺の長さを□cm, まわりの長さを○cm として, □と○の関係を式に表しましょう。

( )

3 正三角形の色板で, 右の図のように, 小さい順に, | 番目の正三角形, 2 番目の正三角形, …とつくっていきます。 1つ14〔42点〕

| 番目 　2 番目 　3 番目 ……

❶ 下の表を完成させましょう。

正三角形（番目）	1	2	3	4	5	6	7
色板 　　（まい）							

❷ 49 まいの色板でつくられる正三角形は何番目ですか。

( )

❸ 10 番目の正三角形には, 何まいの色板がならびますか。

( )

チェック ✓ □ 問題文から□と○を使った式がたてられたかな？
□ 表の 2 つの数の関係から, 表にはない部分の数を求めることができたかな？

① 直方体・立方体の問題
きほんのワーク

答え 15ページ

★ ひごとねん土玉を使って，右の図のような直方体を作ります。このときに使ったひごの長さの合計は何cmですか。

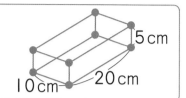

とき方 長方形や，長方形と正方形でかこまれた立体を [　　　] といいます。

直方体には，[　　] つの面があって，ねん土玉の数からわかるように，頂点が [　　] こ，ひごの数からわかるように，辺が全部で [　　] 本あります。

問題の直方体では，10cm，20cm，5cmのひごをそれぞれ [　　] 本ずつ使うので，ひごの長さの合計は，

10×[　　]＋20×[　　]＋5×[　　]＝[　　]

になります。

答え [　　] cm

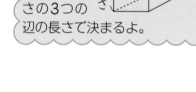
直方体の大きさは，たて・横・高さの3つの辺の長さで決まるよ。

ちゅうい
直方体や立方体の面のように，平らな面のことを「平面」といいます。

---

1 右の図のような直方体があります。

❶ 辺の長さの合計は何cmですか。

式

答え（　　　　　　　）

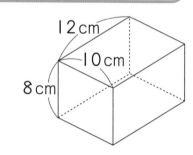

❷ この直方体のそれぞれの面に長方形の色紙をはります。たてが何cmで横が何cmの長方形の色紙を何まいずつ用意すればよいですか。

（　　　　　　　　　　　　　　　　　　　　　　）

2 右の図のような立方体の辺の長さの合計を求めましょう。

式

答え（　　　　　　　）

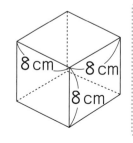

立方体
正方形だけでかこまれた立体を**立方体**といいます。立方体には6つの面があって，頂点が8こ，辺は，たて・横・高さともそれぞれ4本ずつあります。

ポイント 直方体と立方体はどちらも，面の数が6，辺の数が12，頂点の数が8で，同じになっています。

② 垂直・平行の問題
きほんのワーク

答え 15ページ

☆右の立方体の展開図を組み立てます。このとき，面⑤に平行な面はどれになりますか。また，面⑤に垂直な面の数を答えましょう。

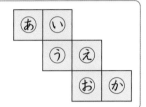

とき方 直方体や立方体などを切り開いて，平面の上に

広げた図を，[　　　　　]といいます。

展開図を組み立てると，右の図のようになります。

直方体や立方体では，向かい合った面は[　　　]で，

となり合った面は[　　　]になっています。

面⑤と向かい合った面は，面[　　]です。また，面⑤ととなり合った面は，

面[　　]，面[　　]，面[　　]，面[　　]です。

答え 平行な面…面[　　]　　　垂直な面の数…[　　]

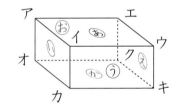

1 右の図は，直方体です。

❶　辺アイに平行な辺はどれですか。

（　　　　　　　　　　　　　　）

❷　辺アイと垂直に交わっている辺はどれですか。

（　　　　　　　　　　　　　　）

❸　面⑥に垂直な面はどれですか。

（　　　　　　　　　　　　　　）

2 直方体や立方体などの全体の形がわかるようにかいた図を見取図といいます。
下の図のような立方体の見取図の続きをかきましょう。

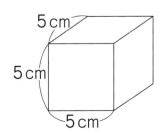

5cm　5cm　5cm

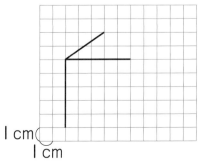

1cm　1cm

③ 位置の表し方の問題

きほんのワーク

答え 15ページ

☆下の図で，点アをもとにして，点イと点ウの位置を，横とたての長さの組で表しましょう。

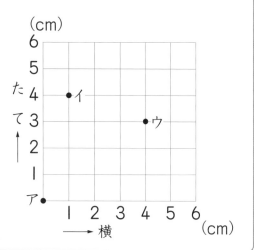

（とき方） 平面の上にある点の位置は，2つの長さの組で表すことができます。
点イの位置は，点アをもとにすると，
横に □ cm，たてに □ cm
進んだところにあるので，
（横 □ cm，たて □ cm）
と表せます。
点ウの位置も同じように考えます。

（答え） イ（横 □ cm，たて □ cm）
　　　　ウ（横 □ cm，たて □ cm）

平面の上にあるものの位置は，横とたての2つを使って表せばいいんだね。

（ちゅうい）
どこの点をもとにするかで，点の位置の表し方は変わります。

① やってみよう の図で点アをもとにすると，◎の位置は（横 3cm，たて 6cm）と表せます。上の図に◎の印をつけましょう。

② 右の図の立方体で，頂点イの位置は，頂点オをもとにして，（横 3cm，たて 0cm，高さ 3cm）と表すことができます。

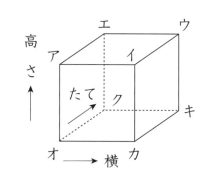

❶ 頂点オをもとにして，頂点カの位置を表しましょう。

（　　　　　　　　　　）

❷ 頂点オをもとにして，頂点エの位置を表しましょう。

（　　　　　　　　　　）

❸ 頂点オをもとにして，（横 3cm，たて 3cm，高さ 3cm）の位置にある頂点はどれですか。

（　　　　　　　　　　）

（ポイント） 平面上の点の位置は2つの長さの組で，空間にある点の位置は3つの長さの組で，それぞれ表すことができます。

まとめのテスト

時間 **20** 分

答え 15ページ

とく点 /100点

1 直方体と立方体の両方の特ちょうとして，まちがっているものをすべて選び，記号で答えましょう。 〔20点〕

㋐ 全部で6つの面があります。

㋑ 長さの等しい辺は，すべて平行です。

㋒ 1つの面と垂直な辺は4本あります。

㋓ 6つの面の面積は等しくなります。

㋔ 1つの頂点に集まる辺は3本あります。

( )

2 よく出る 右の図のように，直方体の形をした箱をひもで結びます。結び目には30cm使うとすると，ひもは全部で何cm使いますか。 1つ15〔30点〕

8cm
20cm 20cm

式

答え ( )

3 下の図のように，直方体の形をした箱のまわりの面に電車の絵をはりました。最後の車両の絵は，展開図のあ〜おのどこになりますか。 〔20点〕

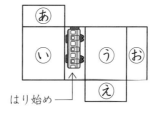

はり始め→

( )

4 右の図のように，1辺が1cmの立方体を18こならべて直方体をつくりました。この直方体で，頂点キは頂点オをもとにして，（横3cm，たて2cm，高さ0cm）と表すことができます。頂点オをもとにして，頂点ウ，エの位置を表しましょう。 1つ15〔30点〕

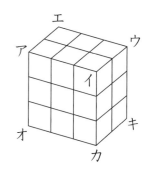

エ
ア ウ
イ
オ キ
カ

ウ ( )

エ ( )

□ 直方体と立方体の特ちょうは覚えられているかな？
□ 空間にある点を，横，たて，高さの3つの長さで表すことができたかな？

① もとの数を求める問題
きほんのワーク

答え 16ページ

☆ 同じねだんのけい光ペンを 8 本と 60 円の色えん筆を買い，700 円はらいました。けい光ペンは 1 本何円ですか。

とき方 この問題は，次のように整理できます。

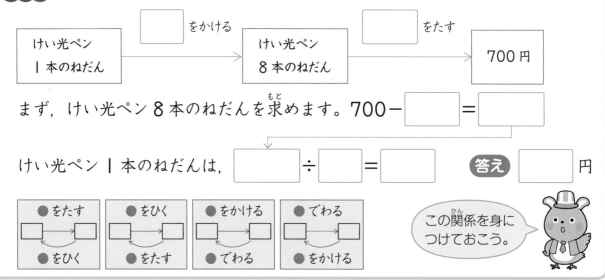

けい光ペン 1 本のねだん　→（ ）をかける→　けい光ペン 8 本のねだん　→（ ）をたす→　700 円

まず，けい光ペン 8 本のねだんを求めます。700 −□ = □

けい光ペン 1 本のねだんは，□ ÷ □ = □　　**答え** □ 円

● をたす	● をひく	● をかける	● でわる
□→□	□→□	□→□	□→□
● をひく	● をたす	● でわる	● をかける

この関係を身につけておこう。

---

1 大きな入れ物に入った水を，Ａ〜Ｆの 6 つの入れ物に同じ量ずつ分けました。そのあと，入れ物Ａに入った水は 0.8 L 使ったので，残りは 0.7 L になりました。はじめに大きな入れ物に入っていた水の量は何 L ですか。

式

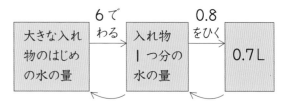

大きな入れ物のはじめの水の量	6でわる→	入れ物1つ分の水の量	0.8をひく→	0.7L

まず，入れ物1つ分の水の量を求めよう。

答え（　　　　　　　　　）

---

2 同じ重さの小麦粉が入ったふくろが 15 ふくろあります。全部の小麦粉のうち 7.5 kg 使ったら，残りは 13.5 kg になります。1 ふくろに入っている小麦粉の重さは何 kg ですか。

式

答え（　　　　　　　　　）

 問題を整理して，数や量の関係を図に表してみましょう。それから，順にもどして計算をすると，もとの数を求めることができます。

② ちがいを利用して求める問題
きほんのワーク

答え 16ページ

☆箱の中に，黒のご石と白のご石が全部で 75 こ入っています。また，黒の ご石は白のご石よりも 13 こ多いそうです。黒のご石，白のご石は，それぞ れ何こ入っていますか。

とき方 右のような図に表すと，全部 で 75 こ，ちがいが 13 こであるこ とがわかりやすくなります。

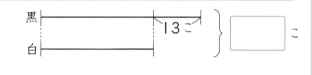

全体のこ数からちがいのこ数をひいた差は ☐ のご石のこ数の ☐ 倍です。

$$75-13=\boxed{}$$

白…$\boxed{} \div 2 = \boxed{}$

黒…$\boxed{} +13 = \boxed{}$ ←75−31 で求めてもよい。

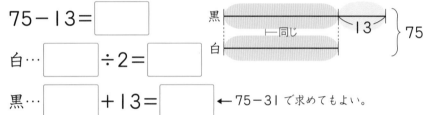

の2倍 は 75−13 になるね。

答え 黒 ☐ こ 白 ☐ こ

※（全体のこ数）＋（ちがいのこ数）＝（黒のご石の2倍）で，求める方法もあります。

① 260 cm のリボンを姉と妹で分けます。妹 のリボンが姉のリボンよりも 80 cm だけ短い とき，姉のリボンの長さは何 cm ですか。

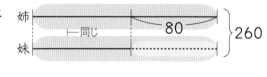

式

全体の長さにちがい の長さをたすと，姉 のリボンの長さの2 倍になるね。

答え （　　　　　　　　　）

② 長さが 145 cm のひもを3つに切りました。長いほうから， A，B，C とします。A は B より 5 cm，B は C より 10 cm 長くなっていました。このとき，B の長さは何 cm ですか。

式

答え （　　　　　　　　　）

ポイント ちがいに注目して，図に表してみましょう。わかっていることを線分図に表し，たてになら べると，ちがいがはっきりわかります。

③ 共通部分を利用して求める問題
きほんのワーク

答え 16ページ

☆ 植物園に，大人1人と子ども7人のグループＡと，大人1人と子ども4人のグループＢが入園しました。入園料は，グループＡが1900円，グループＢが1300円かかりました。大人1人，子ども1人の入園料はそれぞれ何円ですか。

とき方 大人1人の入園料を大，子ども1人の入園料を子として，2つのグループの入園料を図に表すと，右のようになります。

Ａ 大 子 子 子 子 子 子 子 1900円
―――同じ
Ｂ 大 子 子 子 子 1300円

Ａグループの入園料からＢグループの入園料をひいたお金は，子ども □ 人分の入園料です。

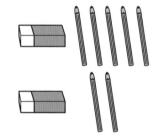

□ の部分は同じだから，子 子 子 は 1900−1300 になるね。

子ども1人…（ □ − □ ）÷3＝ □

大人1人……1300− □ × □ ＝ □

答え 大人… □ 円　子ども… □ 円

1 しげきさんとあきさんは，同じねだんの消しゴムと同じねだんのえん筆を買いました。しげきさんは消しゴム1ことえん筆5本を買ったので520円かかり，あきさんは消しゴム1ことえん筆2本を買ったので250円かかりました。えん筆1本のねだんは何円ですか。

式

答え（　　　　　　　　　）

2 2種類のおもりＡ，Ｂがあります。Ａ2ことＢ4こで42g，Ａ7ことＢ4こで67gです。Ａ1こ，Ｂ1この重さはそれぞれ何gですか。

式

答え（　　　　　　　　　）

共通部分に注目して，図に表してみましょう。共通部分をそろえるようにくふうして図に表すと，数や量の関係がわかりやすくなります。

まとめのテスト

答え 16ページ

時間 20分

とく点 /100点

1 横の長さが 15 m の長方形の形をした畑があります。午前中に、この畑のうち 160 m² だけ草取りをしました。残りの 140 m² の畑の草取りは、午後に行いました。この畑のたての長さは何 m ですか。　1つ10〔20点〕

式

答え（　　　　　　　）

2 よく出る 算数と国語のテストがありました。あやさんのテストの結果は、算数と国語の合計点が 162 点で、算数は国語より 10 点低かったそうです。算数と国語の点数は、それぞれ何点ですか。　1つ10〔20点〕

式

答え（　　　　　　　）

3 はさみとのりとコンパスを 1 つずつ買ったところ、全部で 1000 円になりました。コンパスはのりより 90 円高く、はさみはコンパスより 430 円高いねだんでした。はさみのねだんは何円ですか。　1つ15〔30点〕

式

答え（　　　　　　　）

4 りんご 4 ことみかん 8 こを買うと 1040 円かかり、りんご 2 ことみかん 7 こを買うと 670 円かかります。りんご 1 こ、みかん 1 このねだんはそれぞれ何円ですか。　1つ15〔30点〕

式

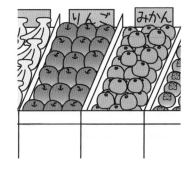

答え（　　　　　　　）

 チェック ☑ □ 線分図を利用して、全部とちがいの関係がわかったかな？
□ 共通な部分がないとき、何倍かして共通な部分をつくることができたかな？

勉強した日　月　日

まとめのテスト❶

答え 16ページ

とく点 ／100点

1 0, 1, 2, 3, 4, 5, 6, 7, 8, 9の10この数字を1回ずつ使ってできる10けたの整数で, 80億より小さい数のうち, いちばん大きい数をつくりましょう。

〔8点〕

( )

2 123まいのカードを3人で同じ数ずつ分けると, 1人分は何まいになりますか。

式

1つ9〔18点〕

答え ( )

3 歩け歩け大会で, きのうは12.85km, 今日は14.06km歩きました。きのうと今日で, あわせて何km歩きましたか。

1つ9〔18点〕

式

答え ( )

4 1.8dL入りの牛にゅうパックを36こ用意すると, 全部で何dLになりますか。

式

1つ9〔18点〕

答え ( )

5 右の表は, A市とB市の人口を表したものです。 1つ10〔20点〕

① A市とB市の人口を合わせると, 約何万人ですか。

( )

② A市とB市の人口のちがいは, 約何万何千人といえばよいですか。

( )

市の人口

	人口(人)
A	174673
B	188768

6 2km²の土地があります。そのうち$\frac{6}{5}$km²を売りました。残っている土地は何km²ですか。

1つ9〔18点〕

式

答え ( )

□たし算, ひき算, かけ算, わり算のどれを使って計算すればいいかな？
□問題できかれているがい数で表すことができたかな？

まとめのテスト❷

答え 16ページ

時間 20分

とく点

/100点

1 あ〜うの角の大きさをはかりましょう。 1つ10〔30点〕

❶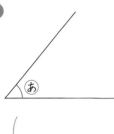

❷

❸

(　　　　　)　　(　　　　　)　　(　　　　　)

2 次の文で，正しいものには○を，まちがっているものには×を（　）に書きましょう。 1つ10〔30点〕

❶ 右の図で，直線⑦と直線⑦が平行であるとき，あの角といの角の大きさは等しい。

(　　　　　)

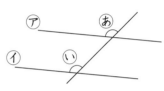

❷ 平行である2本の直線をどちらとものばしていくと，いつかは交わる。

(　　　　　)

❸ 右の図で，2つの直線が垂直であるのは，⑦と①だけである。

(　　　　　)

3 右のような形をした土地があります。この土地の面積は何km²ですか。 1つ10〔20点〕

式

答え (　　　　　)

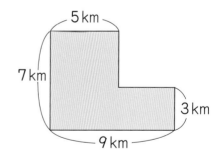

4 右の直方体の展開図を組み立てます。次のような面をすべて答えましょう。 1つ10〔20点〕

❶ 面あに平行な面

(　　　　　)

❷ 面うに垂直な面

(　　　　　)

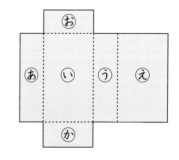

 □平行，垂直を正しく理かいできているかな？
□長方形や正方形の面積を正しく求められたかな？

まとめのテスト❸

時間 **20**分

答え 16ページ

とく点　／100点

勉強した日　　月　日

---

1 おはじきを1列に13こずつならべます。赤は28列，青は22列分ならべました。ならべたおはじきの数は全部で何こですか。　　1つ10〔20点〕

式

答え（　　　　　　　　）

---

2 右の折れ線グラフは，ある山の登山者の数を月ごとに集計して，その変わり方を表したものです。　　1つ10〔30点〕

❶　たてのじくの1めもりは何人を表していますか。

（　　　　　　　　）

❷　7月の登山者の数は何人ですか。

（　　　　　　　　）

❸　登山者の数の変わり方がいちばん大きいのは何月から何月の間ですか。

（　　　　　　　　）

（人）　登山者の数の変わり方

---

3 料理クラブの26人について，朝食にごはんとパンのどちらを食べたかを調べ，右のような表にまとめました。表のあいているところに，あてはまる数を書きましょう。　　1つ6〔30点〕

朝食調べ　　（人）

	ごはん	パン	合計
A班	㋐	㋑	13
B班	4	㋒	㋓
合計	㋔	16	26

---

4 18まいのカードを，たかひろさんは弟と2人で分けます。　　1つ10〔20点〕

❶　たかひろさんと弟のカードのまい数を，下の表にまとめましょう。

たかひろ（まい）	1	2	3	4	5	6	7	8
弟　　（まい）								

❷　たかひろさんのカードのまい数を□まい，弟のカードのまい数を○まいとして，□と○の関係を式に表しましょう。

（　　　　　　　　）

チェック ✔　□折れ線グラフを正しくよみとることができたかな？
□2つの量の変わり方の関係を表や式で表すことができたかな？

教科書ワーク

答えとてびき

「答えとてびき」は、とりはずすことができます。

全教科書対応

文章題・図形 4年

使い方

まちがえた問題は、もういちどよく読んで、なぜまちがえたのかを考えましょう。正しい答えを知るだけでなく、なぜそうなるかを考えることが大切です。

---

1 大きい数

2ページ きほんのワーク

☆ 140　　　　　　　　　　　　　　答え 140兆
❶ 式 260億÷10=26億　　　　　　　答え 26億本
❷ 式 180億×100=1兆8000億
　　　　　　　　　　　　　答え 1兆8000億円
❸ 式 720兆÷100=7兆2000億
　　　　　　　　　　　　　答え 7兆2000億

> **てびき** ❶ 10倍の数が260億なので、求める数は、260億を $\frac{1}{10}$ にした数です。
> ❷ 100倍すると、位は2けた上がります。
> ❸ 100でわると、位は2けた下がります。

3ページ きほんのワーク

☆ 答え 九十八億七千六百五十四万三千二百十
❶ 1002334566
❷ 1000002345
❸ いちばん大きい数…9876543221100
　 いちばん小さい数…1001223456789

> **てびき** ☆ 大きい数は、右から4けたごとに区切るとわかりやすくなります。

4ページ きほんのワーク

☆ 498　　　　　答え 62748
❶ 式 375×104=39000
　　　　　　答え 39000円
❷ 式 600×120=72000
　　　　　　答え 72000円

☆	498	❶	375
	×126		×104
	2988		1500
	996		000
	498		375
	62748		39000

❸ ❶ 3640000（364万）
　❷ 364万　　　　　❸ 364兆

> **てびき** ❶ 筆算では、真ん中の000の部分は省いてかまいません。
> ❷ くふうして計算します。
> 　600×120=6×100×12×10
> 　　　　　　=6×12×100×10
> 　　　　　　=72×1000=72000
> ❸ ❸ 1万×1億=1兆　を利用します。

5ページ まとめのテスト

1 式 52億×100=5200億　答え 約5200億人
2 250億
3 ❶ 9876543120　　❷ 1023456879
　❸ 4987653210
4 1010223344556677
5 式 24000×150=3600000
　　　　　　　　　　　答え 3600000こ

> **てびき** 3 ❶ 9876543210がいちばん大きい数です。上の7けたのならびを変えないとき、下の3けたの数字のならびは、大きい順に、210, 201, 120, 102, 021, 012となるので、3番目に大きい数は9876543120です。

2 折れ線グラフ

6ページ きほんのワーク

☆ 上、大きい　　　　　　　　　　　答え 10, 11
❶ 午後0時から午後1時の間
❷ ❶ 28度　　❷ 午後0時, 30度

1

③ 午前9時から午後0時の間
④ 午前9時から午前10時の間

1 グラフのたてのじくの1めもりは2度を表していて，午前9時から午前10時の間は1めもり分気温が上がっています。同じように1めもり分気温が上がっているところをさがします。

2 ④ 線のかたむきがいちばん急なところをさがすと，午前9時から午前10時の間です。

7 ページ きほんのワーク

☆ 時こく，温度，直線 ①

答え

日なたの温度

ひろしさんの年令ごとの体重

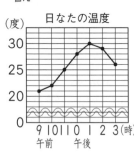

8 ページ まとめのテスト①

1 ①, ⑦

2 ① 100人
② (例)前の年とくらべてへったのは2012年から2014年までで，2015年からはふえていった。
③ 2017年から2018年の間

3 ⑦

1 折れ線グラフは，変化していくようすを表すのに便利です。①や⑦のように，一定の時間ごとにはかった結果は，折れ線グラフで表すのにむいています。

3 線のかたむきが急であるほど，変わり方が大きいことを表しているので，入れる水の量を少なくした時間の線のかたむきはゆるやかになります。

9 ページ まとめのテスト②

1 ① 気温
② 4月と5月の間，10月と11月の間
③ 8月，12度

2 (cm) えりかさんの身長

3 ① 1月，6度
② 9月，210mm

1 ① 折れ線グラフでは，上下方向の変化が大きいほど，変わり方が大きくなっています。
③ グラフのたてのじくの1めもりは，2度を表しています。

3 2つのグラフをまちがえずによみとれるようにしましょう。左のたてのじくで最高気温，右のたてのじくでこう水量をよみます。気温は1めもりが1度，こう水量は1めもりが10mmになっています。

3 整理のしかた

10 ページ きほんのワーク

☆ 答え けがをした場所と体の部分 (人)

場所＼体の部分	足	手	うで	顔	合計
運動場	下3	下2	一1	0	6
中 庭	下2	一1	下2	0	5
体育館	0	一1	下2	0	3
教 室	0	0	一1	一1	2
合 計	5	4	6	1	16

1 こん虫の種類と場所 (ひき)

種類＼場所	畑	林	校庭	公園	合計
チョウ	正4	下2	下2	一1	9
クワガタ	0	正5	0	一1	6
テントウムシ	一1	一1	一1	正4	7
トンボ	正4	正4	一1	下2	11
合 計	9	12	4	8	33

数えるときは数え落としがないように，数えたものに印をつけていきましょう。

11 ページ きほんのワーク

☆ 3, ○, ×, 8, 9, 6　　　答え ペット調べ (人)

		ねこ		合計
		○	×	
犬	○	㋐3	㋑8	11
犬	×	㋒9	6	15
合計		12	14	26

1 ㋐4　㋑10　㋒18　㋓12　㋔27

❷

10 から 30 までの整数

		5で		こ数
		わりきれる	わりきれない	
3で	わりきれる	15, 30	12, 18, 21, 24, 27	7
	わりきれない	10, 20, 25	11,13,14,16,17,19, 22,23,26,28,29	14
	こ数	5	16	21

てびき ❷ 10 から 30 までの整数のこ数は 21 こです。こ数の合計が 21 になるか，たしかめましょう。

12 ページ まとめのテスト❶

❶ ❶
けがの種類と場所 （人）

種類＼場所	運動場	ろうか	教室	体育館	階だん	合計
切りきず	一 1	0	丁 2	0	0	3
打ぼく	一 1	一 1	0	一 1	一 1	4
すりきず	下 3	0	丁 2	丁 2	0	7
こっせつ	一 1	0	0	0	0	1
ねんざ	0	0	0	丁 2	0	2
合計	6	1	4	5	1	17

❷ すりきず　❸ 運動場

❷ ❶
わすれ物調べ （人）

		ハーモニカ		合計
		持ってきた人	わすれた人	
笛	持ってきた人	6	5	11
	わすれた人	3	1	4
	合計	9	6	15

❷ 1人

てびき 「正」の字を書きながら数えると，まちがいがへります。たてと横の合計があうかどうかによって，たしかめができます。

13 ページ まとめのテスト❷

❶ ⑦ 3　　⑦ 5　　⑦ 11　　⑦ 9
　⑦ 6　　⑦ 2

❷ ⑦ 32　⑦ 345　⑦ 548　⑦ 177
　⑦ 286　⑦ 201　⑦ 893

❸ ❶
給食調べ （人）　　❷ ⑦

		おかず		合計
		食べた	残した	
パン	食べた	⑦ 3	⑦ 4	7
	残した	⑦ 2	⑦ 1	3
	合計	5	5	10

てびき ❶❷ たての合計や横の合計から，あいているところの数を求めることができます。たとえば，❶ ⑦は 15－（6＋5＋1）＝3 と求めます。
❸ ○と×の組み合わせによって分けられる 4 つのグループに，それぞれの人が入ります。どの人も 1 つのグループにしか入りません。

❷ けいこさんは，パンを食べ，おかずを残したので，⑦に入ります。

4 わり算の筆算(1)

14 ページ きほんのワーク

☆ 2, 20　　　　　　　　　答え 20
❶ 式 80÷4＝20　　　　　答え 20 まい
❷ 式 210÷7＝30　　　　 答え 30 まい
❸ 式 900÷3＝300　　　 答え 300 本
❹ 式 700÷7＝100　　　 答え 100 円

15 ページ きほんのワーク

☆ 14　　　　　答え 14
❶ 式 96÷6＝16
　　　　答え 16 まい
❷ 式 65÷5＝13
　　　　答え 13 日
❸ 式 78÷3＝26　　　　答え 26 人
❹ 式 84÷4＝21　　　　答え 21dL

```
☆  14      ❶  16
 3)42      6)96
   3         6
   12        36
   12        36
    0         0
```

たしかめよう！ わり算の筆算では「たてて，かけて，ひいて，おろす」の順に計算していきます。

16 ページ きほんのワーク

☆ 132　　　　答え 132
❶ 式 735÷3＝245
　　　　答え 245 まい
❷ 式 280÷8＝35
　　　　答え 35 ふくろ
❸ 式 648÷6＝108
　　　　答え 108 円

```
☆  132      ❶  245
 4)528      3)735
   4          6
   12         13
   12         12
    8          15
    8          15
    0           0
```

てびき ❸ 筆算は右のようにします。商が 0 なら，右の数をおろし，次の位の商を求めます。

```
   108 ←6>4 より
 6)648  商の十の位
   6    は0となる。
    48 ←8もおろす。
    48
     0
```

たしかめよう！ わり算の筆算は，大きい位から順に計算します。

17 ページ きほんのワーク

☆ 11, 2　　　　答え 11, 2
❶ 式 53÷5＝10 あまり 3
　　　　答え 10 束できて，3 本あまる。

```
☆  11       ❶  10
 4)46       5)53
   4          5
    6          3
    4
    2
```

❷ 式 $440÷3=146$ あまり 2
答え 146 さつ配れて，2 さつあまる。
❸ 式 $220÷6=36$ あまり 4
答え 36 まい買えて，4 円あまる。

てびき ❶ 筆算を右のようにして，答えを「1 あまり 3」とするのは，まちがいです。5 から 5 をひいたときの 0 は書きませんが，商の一の位には 0 がたつので，商は 10 になります。

$$\begin{array}{r}1\\5)\overline{53}\\5\\\hline3\end{array}$$

18 ページ きほんのワーク

☆ 13, 5, 5, 13, 14　答え 14

$$\begin{array}{r}13\\6)\overline{83}\\6\\\hline23\\18\\\hline5\end{array}\qquad\begin{array}{r}23\\4)\overline{95}\\8\\\hline15\\12\\\hline3\end{array}$$

❶ 式 $95÷4=23$ あまり 3
$23+1=24$　答え 24 こ
❷ 式 $458÷3=152$ あまり 2
$152+1=153$　答え 153 日
❸ 式 $134÷5=26$ あまり 4
$26+1=27$　答え 27 回

てびき ❶ 残った 3 人がすわるいすが必要になるので，その 1 こ分をたして，$23+1=24$ より，24 こが答えになります。

19 ページ きほんのワーク

☆ 22, 2　答え 22, 2　たしかめ 22, 2, 90
❶ 式 $81÷6=13$ あまり 3
答え 13 人に分けられて，3 まいあまる。
たしかめ $6×13+3=81$
❷ 式 $123÷5=24$ あまり 3
答え 24 本になり，3 本あまる。
たしかめ $5×24+3=123$
❸ 式 $712÷7=101$ あまり 5
答え 101 cm になり，5 cm あまる。
たしかめ $7×101+5=712$

☞ たしかめよう！
あまりがあるときは，たしかめをするようにしましょう。
（わる数）×（商）＋（あまり）を計算し，その答えが，わられる数になることをたしかめます。

20 ページ きほんのワーク

☆ 6, 4　答え 4
❶ 式 $75÷5=15$　答え 15 倍
❷ 式 $119÷7=17$　答え 17 倍
❸ 式 $1206÷9=134$　答え 134 倍

てびき ❶ で求めた「15 倍」は，けんたさんの 5 まいを 1 とみたとき，お兄さんの 75 まいが 15 にあたることを表しています。

21 ページ きほんのワーク

☆ ÷，28　答え 28
❶ 式 $204÷4=51$　答え 51 点
❷ 式 $108÷9=12$　答え 12 分

てびき ❶ 弟のとく点を□点とすると，その 4 倍がみかさんのとく点なので，□×$4=204$ となります。これより，□＝$204÷4=51$ です。
❷ 1 時間 48 分＝60 分＋48 分＝108 分

22 ページ まとめのテスト❶

❶ 式 $400÷8=50$　答え 50 g
❷ 式 $98÷7=14$　答え 14 g
❸ 式 $807÷6=134$ あまり 3
答え 134 こできて，3 人あまる。
たしかめ $6×134+3=807$
❹ 式 $72÷3=24$　答え 24 kg
❺ 式 $540÷3=180$
$180×12=2160$　答え 2160 円

てびき ❺ ノート 12 さつの代金が，ノート 3 さつのねだんの何倍かを考えて計算することもできます。$12÷3=4$　$540×4=2160$

23 ページ まとめのテスト❷

❶ 式 $1800÷9=200$　答え 200 まい
❷ ❶ 式 $200÷8=25$　答え 25 日
　 ❷ 式 $200÷9=22$ あまり 2
$22+1=23$　答え 23 日
❸ 式 $125×6=750$
$750÷7=107$ あまり 1
答え 107 まいになり，1 まいあまる。
❹ 式 $2520÷3=840$
$840×5=4200$
$4200-2520=1680$　答え 1680 円

てびき ❹ はるかさんが持っているお金を 1 とすると，お兄さんがはじめに持っていたお金はその 5 つ分，プレゼントを買ったあとのお金は 3 つ分です。$5-3=2$ より，プレゼント代は，はるかさんが持っているお金の 2 つ分で，$840×2=1680$ のように求めることもできます。

5 角の大きさ

24 ページ きほんのワーク

☆ 分度器, 40　　　　　　　　答え 40, 50
❶ あ 42°　　　　い 103°　　　う 100°
　え 38°
❷ ❶ 90°　　　❷ 120°

てびき ❶ 辺の長さが短くてはかりにくいと
きは, 辺をのばしてはかります。
❷ ❶ あの角が, 半回転の角度の 180° より何
度大きくなっているか, 分度器ではかります。

25 ページ きほんのワーク

☆ 75, 15　　　　　　　　　答え 75, 15
❶ ❶ 式 180°+40°=220°　　　答え 220°
　❷ 式 360°−70°=290°　　　答え 290°
❷ ❶ 式 60°−45°=15°　　　　答え 15°
　❷ 式 30°+90°=120°　　　答え 120°
　❸ 式 180°−45°=135°　　　答え 135°

26 ページ きほんのワーク

☆ 答え 8
❶ ❶ 式 9÷3=3　　答え 3cm
　❷ 右の図
　❸ 60°
　❹ 60°, 60°

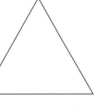

てびき ☆ 1つの辺の長さとその両はしの角の
大きさが決まると, 三角形は 1つに決まります。
❶ ❸❹ 正三角形は 3つの角の大きさがどれも
60° になっています。

27 ページ まとめのテスト

❶ ❶ 70°　　　❷ 130°　　　❸ 310°
❷ ❶ 式 60°−25°=35°　　　　答え 35°
　❷ 式 45°+35°=80°　　　　答え 80°
❸ 55°
❹ ❶　　　　　　　　❷

てびき ❶ ❸ 半回転の角度より 130° 大きい
から, 180°+130°=310° です。
また, 1回転の角度より 50° 小さいから,
360°−50°=310° です。

---

❸ い 180°−(50°+75°)=55°
　う 180°−(50°+55°)=75°
　あ 180°−(75°+50°)=55°
なお, 向かい合った角の大
きさは等しいことを利用すると, いが 55° よ
りあも 55° とわかります。

6 垂直・平行と四角形

28 ページ きほんのワーク

☆ 垂直, 直角　　　　　　　　答え イ, ウ
❶ 直線⑦と直線⑤, 直線⑦と直線⑦
❷ 直線⑤, 直線⑦
❸ ❶

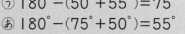

たしかめよう!
❷ 直線をのばすと交わって直角ができるときも, 2
本の直線は「垂直」であるといいます。

29 ページ きほんのワーク

☆ 垂直, 平行　　　　　　　　答え ⑦, ⑦
❶ 直線⑦と直線⑤,　　❸
　直線⑦と直線⑦
❷ 直線⑦, 直線⑦

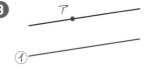

てびき ❶ 1本の直線に垂直な 2本の直線は平行
であることから, 平行を調べることができます。
❷ では, 直線⑦と, 直線⑦, 直線⑦, 直線⑦が
どれも垂直なので, 直線⑦と, 直線⑦, 直線⑦は
平行とわかります。

30 ページ きほんのワーク

☆ 60, 60, 120　　　　　　答え 60, 120
❶ ❶ 式 180°−70°=110°　　　答え 110°
　❷ 6cm
❷ 平行四辺形
❸ ❶ 台形　　❷ 1組

てびき ❶ ❶ 右の図
で, 角いの大きさは
70°, 一直線の角の
大きさは 180° だか
ら, 角あの大きさは
180°−70°=110° です。

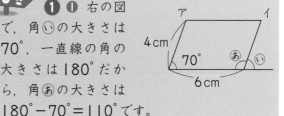

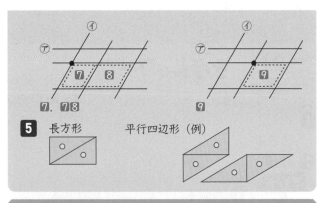

⑦, ⑦8   ⑨

5 長方形   平行四辺形（例）

---

7 小数のたし算・ひき算

たしかめよう！

平行四辺形は，向かい合った2組の辺が平行です。また，平行な直線はほかの直線と等しい角度で交わるので，となり合った角の大きさの和は180°です。

31ページ きほんのワーク

☆ 5，ひし形　　　　　　　　　答え ひし形

① ❶ 40°

❷ 式 8×4＝32　　　　　　答え 32cm

② 式 180°－130°＝50°　　　答え 50°

③ 式 7×2×4＝56　　　　　答え 56cm

たしかめよう！

ひし形の向かい合った角の大きさは等しくなっています。また，となり合った角の大きさの和は180°です。

32ページ きほんのワーク

☆ 直角　　　　　　　　　　答え ない

① 8cm

② ❶ 長方形，正方形　　❷ ひし形，正方形

③ ひし形

> **てびき** ひし形の2本の対角線は垂直で，それぞれの対角線は交わった点で，長さが2等分されています。
>
>

33ページ まとめのテスト

1 直線①と直線⊕，直線⊖と直線⊗

2 台形

3 ❶ 長方形　　　　　❷ ひし形

❸ 正方形

4 9こ

5 長方形，平行四辺形

> **てびき** **2** テープの両側の直線が平行だから，できた四角形は1組の辺が平行な「台形」になります。
>
> **4** 下の図のように，黒丸を左上の頂点とする平行四辺形の数を数えていくと，まちがいが少なくなります。
>
>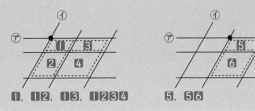

34ページ きほんのワーク

☆ 3.6，4.88　　　答え 4.88

① 式 2.2＋0.75＝2.95

答え 2.95L

☆ 3.6	❶ 2.2
＋1.28	＋0.75
4.88	2.95

② 式 14.67＋37.38＝52.05　　　答え 52.05kg

③ 式 1.68＋1.32＝3　　　　　　答え 3m

> **てびき** ❶ 2.2は2.20と考えて，計算します。
>
> ❸ 小数の計算で，小数点より下の位の最後が0になるとき，0は書かずに省いて，答えにします。

35ページ きほんのワーク

☆ 0.62　　　　　答え 0.62

① 式 9.26－7.29＝1.97

答え 1.97m

☆ 0.8	❶ 9.26
－0.18	－7.29
0.62	1.97

② 式 1.27－0.45＝0.82　　　答え 0.82kg

③ 式 10.35－9.85＝0.5　　　答え 0.5m

> **てびき** ❸ 0.50の小数第二位の0は書かずに省いて，答えにしますが，一の位の0は省けません。書きわすれのないように注意しましょう。

36ページ きほんのワーク

☆ 6.145，6.145，5.095

答え 5.095

☆ 6.145
－1.05
5.095

① 式 6.23＋1.245＝7.475

答え 7.475L

❶ 6.23
＋1.245
7.475

② ❶ 式 3.2－0.467＝2.733

答え 2.733kg

❷ 式 3.2＋2.733＝5.933　　　答え 5.933kg

> **てびき** ❷ 単位をそろえて，式をたて，計算しましょう。467g＝0.467kg

37 ページ　まとめのテスト

1 式　1.75＋1.25＝3　　　　　　　答え 3 L

2 式　3.704＋12.856＝16.56　　答え 16.56kg

3 式　125.53－110.65＝14.88　答え 14.88kg

4 ❶ 式　0.614＋6.295＝6.909
　　　　6.909－3.05＝3.859　　　答え 3.859km

　　❷ 式　3.859－3.05＝0.809
　　　　　　　答え 残りの道のりが, 0.809km 長い。

> **てびき**
> **4** 図をかいて考えます。式をたてると
> きは, 単位をそろえましょう。
>
> 614m→0.614km
> 駅　ふもと　　　6.295km　　　ちょう上
> 歩いた道のり　　残りの道のり
> 3km50m→3.05km

8 わり算の筆算（2）

38 ページ　きほんのワーク

☆　20, 2, 6　　　　　　　　　　　答え 6

❶ 式　240÷40＝6　　　　　　　答え 6 ふくろ

❷ 式　170÷50＝3 あまり 20　　答え 20cm

❸ 式　250÷30＝8 あまり 10
　　　　　答え 8 箱できて, 10 こあまる。

> **てびき**
> ❸ 250÷30 を, 10 をもとにして計
> 算すると, 25÷3＝8 あまり 1 になります。
> あまりの 1 は 10 をもとにした 1 なので,
> 250÷30＝8 あまり 10 です。

39 ページ　きほんのワーク

☆　17, 4　　　　答え 4

❶ 式　91÷13＝7
　　　　　答え 7 まい

❷ 式　84÷14＝6　　　　　　　　答え 6 こ

❸ 式　12×8＝96　　96÷24＝4　答え 4 こ

> **てびき**
> ❶ 91 → 90　13 → 10 とみて,
> 「90÷10＝9」と商の見当をつけます。

40 ページ　きほんのワーク

☆　12, 7, 3　　答え 7, 3

❶ 式　94÷18＝5 あまり 4
　　　　答え 5 ふくろできて,
　　　　　　4 こあまる。

❷ 式　72÷16＝4 あまり 8
　　　　　答え 4 ふくろと, ばらを 8 こ買う。

---

❸ 式　98÷15＝6 あまり 8　6＋1＝7　答え 7 列

41 ページ　きほんのワーク

☆　18, 6　　　　答え 6

❶ 式　196÷28＝7
　　　　　　　　　答え 7 日

❷ 式　1＋3＋5＋7＝16
　　　144÷16＝9　　　　　　　答え 9 こ

❸ 式　900÷15＝60　　　　　　答え 60cm

> **てびき**
> ❷ 問題の三角形は, 全部で 16 まいの
> 小さな三角形がならんでいるので, 144 まいを
> 16 まいずつに分けて, 何こできるか考えます。
> ❸ 商に 0 のたつわり算です。
> 90 から 90 をひくと 0 になる
> ので, 商の一の位に 0 をたてて,
> わり算は終わりです。

42 ページ　きほんのワーク

☆　34, 21, 11
　　　　　答え 21, 11

❶ 式　873÷45
　　＝19 あまり 18
　　19＋1＝20
　　　　　　　答え 20 台

❷ 式　319÷25＝12 あまり 19
　　　　　答え 12 束できて, 19 まいあまる。

❸ 式　860÷95＝9 あまり 5　　答え 9 さつ

> **てびき**
> ❶ 残ったセメントのふくろを運ぶト
> ラックも 1 台いります。

43 ページ　きほんのワーク

☆　18, 27, 45

❶ 式　1139÷13
　　＝87 あまり 8
　答え 87 人に配れて,
　　　8 まいあまる。

たしかめ 13×87＋8＝1139

❷ 式　5200÷714＝7 あまり 202
　　　　　　答え 7 こ買えて, 202 円あまる。

❸ 式　3470÷225＝15 あまり 95
　　15＋1＝16　　　　　　　答え 16 台目

> **てびき**
> ❸ 15 台目までで 225×15＝3375
> （番）の番号がついた箱が運ばれるので, 3470
> 番の箱は 16 台目のトラックで運ばれます。

きほんのワーク

☆ 300　　　答え 9

❶ 式 1200÷400
　　＝3　答え 3 こ

	9			3
300)2700		400)1200	
27		12	
0		0	

❷ 式 3900÷700＝5 あまり 400
　　　　答え 5 さつ買えて，400 円あまる。

❸ 式 2800÷350＝8　　　　答え 8 こ

てびき

❶ 1200÷400 の商は，100 をもとにすると，12÷4 の商と同じです。

❷ 100 をもとにすると，39÷7＝5 あまり 4　3900÷700＝5 あまり 400 となって，商は同じでもあまりはちがいます。たしかめをすると 700×5＋400＝3900 となります。

❸ わり算のきまりを使って，右のように計算することもできます。

$$2800÷350＝□$$
$$↓×2 \quad ↓×2 \quad \Big)等しい$$
$$5600÷700＝8$$

きほんのワーク

☆ 60，3，2，3，2，赤い　　　答え 赤い

❶ ゴムひも B

❷ B スーパー

てびき

❶ ゴムひも A とゴムひも B のもとの長さを，それぞれ 1 とみて図に表すと，右のようになります。

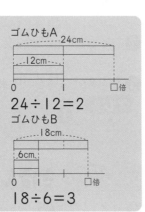

ゴムひも A
24÷12＝2

ゴムひも B
18÷6＝3

まとめのテスト❶

❶ 式 640÷80＝8　　　　答え 8 さつ

❷ 式 93÷17＝5 あまり 8
　　5＋1＝6　　　　答え 6 こ

❸ 式 764÷78＝9 あまり 62
　　　　答え 9 本つくれて，62 こあまる。

❹ 式 360÷120＝3
　　480÷240＝2　　　　答え りんご

❺ 式 208÷26＝8　　　　答え 8 倍

てびき

❹ りんごともものね上がり前のねだんを，それぞれ 1 とみて図に表すと，次のようになります。

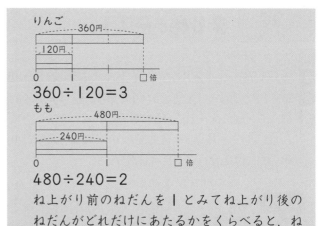

りんご
360÷120＝3

もも
480÷240＝2

ね上がり前のねだんを 1 とみてね上がり後のねだんがどれだけにあたるかをくらべると，ねだんの上がり方が大きいのは，りんごです。

まとめのテスト❷

❶ 式 96÷16＝6　　　　答え 6 箱

❷ 式 30÷15＝2
　　20÷5＝4　　　　答え ゴムⓘ

❸ まゆみさん

❹ 式 1350÷75＝18　　　　答え 18 こ

❺ 式 3600÷18＝200
　　200÷12＝16 あまり 8
　　　　答え 16 ふくろできて，8 本あまる。

てびき

❷ ゴムⓐとゴムⓘのもとの長さを，それぞれ 1 とみて図に表すと，右のようになります。

ゴムⓐ
30÷15＝2

ゴムⓘ
20÷5＝4

ゴムののび方が大きい（よくのびる）のはゴムⓘです。

❸ （わる数）×（商）＋（あまり）を計算し，それがわられる数の 966 になれば正しい答えです。きみえさんの答えはあまりがわる数より大きいので正しくありません。実さいのわり算の筆算は，右のようになります。

	7	4
13)9	6	6
9	1	
	5	6
	5	2
		4

9 計算のきまり

きほんのワーク

☆ 600，380，70　　　答え 70

❶ 式 240－（86＋74）＝80　　答え 80 ページ

❷ 式 1200－（325＋475）＝400
　　　　答え 400 mL

❸ 式 67－（23＋27）＝17　　　答え 17 人

49 ページ きほんのワーク

☆ 130, 15, 2250　　　　　　　　　答え 2250
❶ 式 6×(8+12)=120　　　　　　答え 120 まい
❷ 式 (800+200)÷4=250　　　　　答え 250 円
❸ 式 (100−10)÷5=18　　　　　　答え 18 まい
❹ 式 780÷(80−15)=12　　　　　答え 12 こ

> てびき　次のように計算します。
> ❶ 6×(8+12)=6×20=120
> ❷ (800+200)÷4=1000÷4=250
> ❸ (100−10)÷5=90÷5=18
> ❹ 780÷(80−15)=780÷65=12

50 ページ きほんのワーク

☆ 4, 920, 80　　　　　　　　　　答え 80
❶ 式 400−10×34=60　　　　　　答え 60 まい
❷ 式 200+720÷2=560　　　　　　答え 560 g
❸ 式 1000−960÷3=680　　　　　答え 680 円

> てびき　次のように計算します。
> ❶ 400−10×34=400−340=60
> ❷ 200+720÷2=200+360=560
> ❸ 1000−960÷3=1000−320=680

> 👆 たしかめよう!
> 1つの式に表されているとき，＋，－よりも×，÷を
> 先に計算します。

51 ページ きほんのワーク

☆ 2, 3, 700, 1215, 1915　　　　　答え 1915
❶ 式 45×20+68×15=1920　　　答え 1920 円
❷ 式 28÷4+30÷5=13　　　　　答え 13 グループ
❸ 式 310×12−130×21=990　　答え 990 円

> てびき　計算は，次の順じょでします。
> ❶ 45×20+68×15=900+1020=1920
> 　　①　　　③　　②
> ❷ 28÷4+30÷5=7+6=13
> 　　①　　③　②
> ❸ 310×12−130×21=3720−2730=990
> 　　①　　　③　　②

52 ページ きほんのワーク

☆ 2, 2, 2, 2, 52, 2652　　　　　　答え 2652
❶ 式 98×42=4116　　　　　　　答え 4116 円
❷ 式 1.4+3+0.6=5　　　　　　　答え 5 m
❸ 式 4×3×25=300　　　　　　　答え 300 こ

> てびき　くふうして計算します。
> ❶ 98×42=(100−2)×42
> 　=100×42−2×42=4200−84=4116
> ❷ たし算では，たす数を入れかえることができ
> ます(交かんのきまり)。また，たす順じょを変
> えることができます(結合のきまり)。
> 　1.4+3+0.6=3+1.4+0.6
> 　=3+(1.4+0.6)=3+2=5
> ❸ かけ算では，かけられる数とかける数を入れ
> かえることができます(交かんのきまり)。また，
> かける順じょを変えることができます(結合の
> きまり)。
> 　4×3×25=3×4×25=3×(4×25)
> 　=3×100=300

53 ページ まとめのテスト

① 式 200−(175−5)=30　　　　　答え 30 円
② 式 35×(14+12)=910　　　　　答え 910 g
③ 式 18−2×7=4　　　　　　　答え 4 m
④ 式 720÷(8×6)=15　　　　　答え 15 箱
⑤ ❶ 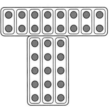　❷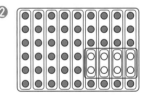

> てびき
> ① （ ）の中を先に計算します。
> 　200−(175−5)=200−170=30
> ② （ ）の中を先に計算します。
> 　35×(14+12)=35×26=910
> ③ 18−2×7=18−14=4
> ④ 1箱に入るたまごのこ数は，8×6=48 より
> 　48 こだから，720÷48=15 より 15 箱です。
> 別のとき方 720÷8=90 より，たまごは 90 パッ
> クあるので，必要な箱の数は，90÷6=15 よ
> り 15 箱と求めることもできます。

10 □を使ってとく問題

54 ページ きほんのワーク

☆ 96, 96, 12　　　　　　　　　　答え 12

① 式 □−13=38　　　　　　　　　　答え 51
② 式 □＋9=92　　　　　　　　　　答え 83
③ 式 □÷18=2　　　　　　　　　　答え 36

55ページ **まとめのテスト**

1 式 □−750=450　　　　　　　答え 1200
2 式 □÷6=15　　　　　　　　　答え 90
3 式 350×□=8750　　　　　　　答え 25
4 式 □−12+18=53　　　　　　　答え 47
5 式 □×3−12000=144000　　答え 52000

11 がい数

56ページ **きほんのワーク**

☆ 四捨五入, 3, 2, 8, 3
　　　　答え 12万(120000), 13万(130000)
① 約 54 万人(約 540000 人)
② 約 1330 万人(約 13300000 人)
③ 青函…54000m　　　大清水…22000m
　　新関門…19000m

たしかめよう！

がい数で表したい位の1つ下の位に目をつけて、四捨五入します。

57ページ **きほんのワーク**

☆ 4, 8　　　　　　　　　　答え 8800
① ❶ 8200m　　　　　　❷ 4800m
　　❸ 5900m　　　　　　❹ 3800m
② ❶ 約 550 万人(約 5500000 人)
　　❷ 約 900 万人(約 9000000 人)
　　❸ 5500000 人　　　❹ 8870000 人

58ページ **きほんのワーク**

☆ 1000, 45　　　　　　　　答え 4, 5
① 式 62000÷1000=62　　答え 6cm2mm
② ❶ 10万人　　（人）
　　❷ 右の図

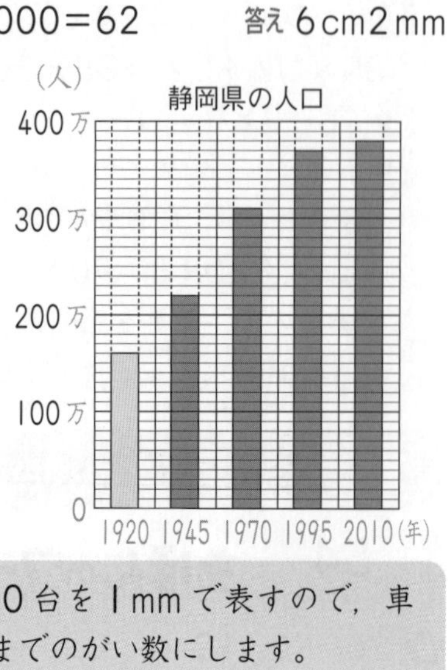

静岡県の人口

てびき **①** 1000 台を 1mm で表すので、車の台数を千の位までのがい数にします。

61570 台→ 62000 台だから 62mm です。
② ❶ 1920 年の人口とめもりの数を見て、1めもりが何人を表すか考えます。
❷ 人口をそれぞれ四捨五入して、十万の位までのがい数にします。1920 年→ 160 万、1945 年→ 220 万、1970 年→ 310 万、1995 年→ 370 万、2010 年→ 380 万で、これをぼうグラフに表します。

59ページ **きほんのワーク**

☆ 百, 4, 9, 24500, 25499
　　　　　　　　答え 24500, 25499
① 35000 人以上 44999 人以下
② いちばん多い…23499 人
　　いちばん少ない…22500 人
③ 365km 以上 375km 未満

てびき ☆ 25500 の百の位を四捨五入すると 26000 になるので、答えを「24500 人から 25500 人の間」とするのはまちがいです。
① 一万の位までのがい数にしたので、もとの数を千の位で四捨五入しています。切り上げるいちばん小さい千の位の数は 5、それより下の位の数は四捨五入に関係しないので、すべて 0 とします。また、切り捨てるいちばん大きい千の位の数は 4、それより下の位の数は四捨五入に関係しないので、すべて 9 とします。
③ 実さいの長さは 374.5km のような小数も考えられるので、「以下」ではなく「未満」を使ってはんいを表します。

60ページ **きほんのワーク**

☆ 34000, 35000, 34000, 35000, 69000
　　　　　　　　　　答え 69000
① 約 1000 人
② ❶ 約 178000 こ　　❷ 約 2000 こ
③ 足りる

てびき **①** 四捨五入して、千の位までのがい数にしてから、ひき算します。
北町 23463 人→ 23000 人
南町 21530 人→ 22000 人
23000−22000=1000
② 百の位で四捨五入してから、計算します。
A工場 87940 こ→ 88000 こ
B工場 90364 こ→ 90000 こ
❶ 88000+90000=178000
❷ 90000−88000=2000

③ 多めに考えるので，切り上げて計算します。
3000＋5000＋2000＝10000

61ページ きほんのワーク

☆ 500，200，500，200，100000　答え 100
① 約 400 円
② 約 20000 円
③ 約 5 kg

てびき 　上から 2 けた目の位で四捨五入します。
① 学芸会にかかる費用 212380 円→ 200000 円
児童の人数 518 人→ 500 人
200000÷500＝400
② 本のねだん 970 円→ 1000 円
さっ数 18 さつ→ 20 さつ
1000×20＝20000
③ 1 日に食べた草の重さ 1095kg → 1000kg
牛の数 219 頭→ 200 頭
1000÷200＝5

62ページ まとめのテスト①

1 A 町…約 28000 人　　B 町…約 32000 人
2 ① 2550　　② 2649
3 ① 約 21000 人　　② 約 6700 人
4 約 2000 円

てびき 2 四捨五入して，上から 2 けたのがい数にするには，上から 3 けた目の十の位で四捨五入します。いちばん小さい数の十の位は切り上げになるいちばん小さい数の 5，いちばん大きい数の十の位は切り捨てになるいちばん大きい数の 4 です。
3 ① 午前 13608 人→ 14000 人
午後 6896 人→ 7000 人
14000＋7000＝21000
② 午前 13608 人→ 13600 人
午後 6896 人→ 6900 人
13600－6900＝6700
4 かかるお金 81700 円→ 80000 円
人数 38 人→ 40 人
80000÷40＝2000

63ページ まとめのテスト②

1 ① 6700km　　② 6400km
2 ① 約 119 万さつ（約 1190000 さつ）
② 前半…5cm 8mm　　後半…6cm 1mm
3 約 121000 歩

4 約 40000 円
5 805000 以上 815000 未満

てびき 2 ① 前半 581900 さつ→ 580000 さつ
後半 606500 さつ→ 610000 さつ
② 1 万さつを 1mm とするので，がい数で表したさっ数を 10000 でわって，ぼうグラフの長さを求めます。
3 月 28417 歩→ 28000 歩
火 30885 歩→ 31000 歩
水 35300 歩→ 35000 歩
木 26948 歩→ 27000 歩
28000＋31000＋35000＋27000
＝121000
4 200×200＝40000
5 千の位で四捨五入して 810000 になるいちばん小さい数は 805000 です。「未満」を使って，小数もふくめたはんいを答えます。

12 面 積

64ページ きほんのワーク

☆ 3，3，9　　答え 9
① ① 式 4×6＝24　　答え 24 cm²
② 式 24×24＝576　　答え 576 cm²
② 式 20÷4＝5　　5×5＝25　　答え 25 cm²
③ 式 156÷13＝12　　答え 12 cm

てびき ③ 長方形の面積の公式にあてはめると，たての長さ×13＝156 となるので，たての長さは 156÷13 です。

65ページ きほんのワーク

☆ 2，6，12　　答え 12
① 式 55×55＝3025　　答え 3025 m²
② ① 式 30×50＝1500　　答え 15 a
② 式 400×400＝160000　　答え 16 ha
③ 式 2×2＝4　　答え 4 km²

てびき ② ① 1a＝100m² だから，
1500÷100＝15 より，15 a
② 1ha＝10000m² だから，
160000÷10000＝16 より，16 ha

66ページ きほんのワーク

☆ 10，11，7，4，138　　答え 138
① 式 15×20－4×4＝284　　答え 284 m²
② 式 28×32－12×18＝680　　答え 680 cm²

11

③ 式 9×(17−3)=126　　　　　　答え 126m²

てびき ❷ 画用紙全体の面積から，切り取った
長方形の面積をひきます。
別のとき方 右の図のように，3つ
の部分に分けます。28×10+
(28−12)×18+28×4=680
❸ 道の部分をのぞいて，たてが9m，横が14m
の長方形と考えます。
別のとき方 全体の面積から道の部分の面積をひき
ます。9×17−9×3=126

67 ページ　まとめのテスト

1 式 12×15=180　　　　　　　答え 180cm²
2 式 2×6=12　　　　　　　　答え 12m²
3 式 800×5000=4000000
　　　　　　　　　答え 40000a，400ha
4 式 10−(2+2)=6
　　10×10−6×6=64　　　　答え 64cm²
5 式 10×12−90=30　　30÷5=6　答え 6
6 式 10×10×3−4×4×4=236
　　　　　　　　　　　　答え 236cm²

てびき ❷ 辺の長さを同じ単位にそろえてから，
計算します。
4 内側の正方形の1辺の長さは10−(2+2)
=6 より6cmです。
別のとき方《1》同じ大きさの4つ
の長方形に分けます。
2×(10−2)×4=64
《2》4すみの正方形を分けて考えます。
2×2×4+2×(10−2−2)×4=64
5 大きな長方形から，面積が
90cm²の形をのぞくと， のついた部分が残ります。
（90cm²）
6 1辺が10cmの正方形3ま
いから，重なっている1辺が4cmの正方形
を4まいのぞくと考えます。
別のとき方 左と右は 10×10−4×4=84
真ん中は 10×10−4×4×2=68
あわせて，84+68+84=236

13 小数のかけ算・わり算

68 ページ　きほんのワーク

☆ 42，42，4.2　　　答え 4.2
❶ 式 2.6×4=10.4
　　　　　　　答え 10.4kg

☆ 1.4	❶ 2.6
× 3	× 4
4.2	10.4

② 式 0.2×8=1.6　　　　　　　答え 1.6 L
③ 式 1.35×7=9.45　　　　　　答え 9.45m

てびき ❶ (小数)×(整数)の筆算では，小数点
がないものとみてかけ算をします。その答えに
かけられる数にそろえて積の小数点をうちます。

69 ページ　きほんのワーク

☆ 15.6，156　　　答え 15.6
❶ 式 1.8×17=30.6
　　　　　　　答え 30.6 L
② 式 0.66×25=16.5
　　　　　　　答え 16.5m
③ 式 11.195×16=179.12　　答え 179.12km

☆ 1.2	❶ 1.8
× 13	× 17
3 6	1 2 6
1 2	1 8
1 5.6	3 0.6

てびき ❷ 0.66×25=16.50 ←最後の0は書
　　　　　　=16.5　　　かずに省きます。

70 ページ　きほんのワーク

☆ 15，15，1.5　　　答え 1.5
❶ 式 6.4÷4=1.6
　　　　　　　答え 1.6 L
② 式 65.1÷21=3.1
　　　　　　　答え 3.1kg
③ 式 97.44÷12=8.12　　　　答え 8.12g

👉 たしかめよう！

❷❸ 2けたの数でわり算するときは，まず，わら
れる数の左から2けたの数に注目して，商にたつ数
を考えます。商の小数点は，わられる数の小数点にそ
ろえてうちます。

71 ページ　きほんのワーク

☆ 3，3，0，0.44
　　　　　答え 0.44
❶ 式 4.48÷8=0.56
　　　　　答え 0.56 L
② 式 19.32÷23
　　=0.84　　　　　　　　答え 0.84 m
③ 式 0.259÷7=0.037　　　答え 0.037kg

👉 たしかめよう！

商が一の位からたたないときもあります。商がたたな
い位には0を書いて，わり算を進めます。0や小数
点を書きわすれないように注意しましょう。

きほんのワーク

☆ 2.5　　　　　　　　答え 5, 2.5

❶ 式 51.6÷9＝5 あまり 6.6
　　　答え 5 本とれて，6.6m あまる。

$$9\overline{\smash{)}51.6}$$
$$\underline{45}$$
$$6.6$$

❷ 式 15.8÷6＝2 あまり 3.8
　　　　　答え 2 ふくろできて，3.8kg あまる。

❸ 式 87.6÷7＝12 あまり 3.6
　　　　　答え 12 こできて，3.6kg あまる。

てびき　❷
$$6\overline{\smash{)}15.8}$$
$$\underline{12}$$
$$3{\cdot}8$$

❸
$$7\overline{\smash{)}87.6}$$
$$\underline{7}$$
$$17$$
$$\underline{14}$$
$$3{\cdot}6$$

☞ たしかめよう！
あまりの小数点は，わられる数の小数点にそろえてうつことに注意します。

きほんのワーク

☆ 4, 1.5　　　　　答え 1.5

❶ 式 30÷4＝7.5
　　　　答え 7.5cm

$$8\overline{\smash{)}12}$$
$$\underline{8}$$
$$40$$
$$\underline{40}$$
$$0$$

❶
$$4\overline{\smash{)}30}$$
$$\underline{28}$$
$$20$$
$$\underline{20}$$
$$0$$

❷ 式 8.2÷20＝0.41
　　　　答え 0.41L

❸ 式 1.71÷18＝0.095　　　　答え 0.095kg

☞ たしかめよう！
わり算では，0 をつけたして計算を続けることができます。

きほんのワーク

☆ 6, 9　　　　　答え 0.7

❶ 式 1.3÷6＝0.21…
　　　　答え 約 0.2m

$$9\overline{\smash{)}6.0}$$
$$\underline{54}$$
$$60$$
$$\underline{54}$$
$$6$$

❶
$$6\overline{\smash{)}1.3}$$
$$\underline{12}$$
$$10$$
$$\underline{6}$$
$$4$$

❷ 式 46.7÷16＝2.9…
　　　　答え 約 3g

❸ 式 15÷31＝0.48…　　　　答え 約 0.5m

てびき　❷
$$16\overline{\smash{)}46.7}$$
$$\underline{32}$$
$$147$$
$$\underline{144}$$
$$3$$

❸
$$31\overline{\smash{)}15.0}$$
$$\underline{124}$$
$$260$$
$$\underline{248}$$
$$12$$

きほんのワーク

☆ 1.6　　　　　　　　答え 1.6

❶ 式 49÷35＝1.4　　　　答え 1.4 倍

❷ 式 60.8÷76＝0.8　　　　答え 0.8 倍

❸ 式 1.1×150＝165　　　　答え 165kg

てびき　❸ 1.1×150＝(1＋0.1)×150＝
1×150＋0.1×150＝150＋15＝165

まとめのテスト❶

1 式 2.36×5＝11.8　　　　答え 11.8kg

2 式 157.68÷18＝8.76　　　　答え 8.76m

3 式
　　　11.7÷8＝1.46…　　　　答え 約 1.5dL

4 式 78÷65＝1.2　　　　答え 1.2 倍

5 式 3.2×98＝313.6　　　　答え 313.6cm

てびき　**5** 98＝100−2 と考えて，計算のきまりを使います。
3.2×98＝3.2×(100−2)＝3.2×100−
3.2×2＝320−6.4＝313.6

まとめのテスト❷

1 式 1.8×3×7＝37.8　　　　答え 37.8dL

2 式 255.86÷12＝21 あまり 3.86
　　　21＋1＝22　　　　答え 22 日

3 式 11.2÷32＝0.35　　　　答え 0.35L

4 式 17÷6＝2.83…　　　　答え 約 2.8 倍

5 式 1.3＋5.1÷34＝1.45　　　　答え 1.45kg

てびき　**2** 商は，一の位まで求めます。答えは，あまりのガソリンを使う 1 日分をたします。
3 わりきれるまで，わり進めます。
5 あまった 5.1kg を 34 等分します。

14 分 数

きほんのワーク

☆ 2, 2, 3, 4　　　　答え $\frac{2}{4}$, $\frac{3}{6}$, $\frac{4}{8}$

❶ 2, 9

❷ ❶ $\frac{2}{10}$, $\frac{2}{5}$, $\frac{2}{3}$

　❷ $\frac{12}{7}$, $2\frac{2}{5}$, $\frac{13}{5}$

　❸ $\frac{12}{9}$, $\frac{11}{8}$, $\frac{8}{5}$

てびき

②②③ 帯分数になおしてくらべます。

② $\dfrac{13}{5} = 2\dfrac{3}{5}$,　$\dfrac{12}{7} = 1\dfrac{5}{7}$

③ $\dfrac{11}{8} = 1\dfrac{3}{8}$,　$\dfrac{12}{9} = 1\dfrac{3}{9}$,　$\dfrac{8}{5} = 1\dfrac{3}{5}$

79ページ　きほんのワーク

☆ 3, 6, 9, $\dfrac{9}{7}$　　　　答え $\dfrac{9}{7}$ $\left(1\dfrac{2}{7}\right)$

❶ 式 $1\dfrac{5}{6} + \dfrac{7}{6} = 3$　　　　答え 3m

❷ 式 $2\dfrac{1}{5} + 1\dfrac{2}{5} = 3\dfrac{3}{5}$　　　　答え $3\dfrac{3}{5}$ dL

❸ 式 $\dfrac{9}{10} + 2\dfrac{4}{10} = 3\dfrac{3}{10}$　　　答え $3\dfrac{3}{10}$ km

てびき　❶ $1\dfrac{5}{6} + \dfrac{7}{6} = 1\dfrac{12}{6} = 1+2 = 3$ のように，答えの分数部分が仮分数のときは，整数部分にくり上げます。

80ページ　きほんのワーク

☆ $1\dfrac{3}{5}$　　　　答え $1\dfrac{3}{5}$ $\left(\dfrac{8}{5}\right)$

❶ 式 $\dfrac{11}{3} - \dfrac{5}{3} = 2$　　　　答え 2 L

❷ 式 $3\dfrac{5}{8} - 2\dfrac{3}{8} = 1\dfrac{2}{8}$

答え 運動公園が，$1\dfrac{2}{8}$ km $\left(\dfrac{10}{8}\text{km}\right)$ 近い。

❸ 式 $2\dfrac{2}{4} - \dfrac{3}{4} = 1\dfrac{3}{4}$　　　答え $1\dfrac{3}{4}$ m $\left(\dfrac{7}{4}\text{m}\right)$

81ページ　まとめのテスト

1 あ，う，お

2 式 $\dfrac{11}{9} + \dfrac{7}{9} = 2$　　　　答え 2 L

3 式 $\dfrac{27}{7} - \dfrac{9}{7} = \dfrac{18}{7}$　　　答え $\dfrac{18}{7}$ m $\left(2\dfrac{4}{7}\text{m}\right)$

4 式 $5\dfrac{7}{8} + 1\dfrac{2}{8} = 7\dfrac{1}{8}$　　　答え $7\dfrac{1}{8}$ km $\left(\dfrac{57}{8}\text{km}\right)$

5 式 $6\dfrac{2}{5} - 2\dfrac{4}{5} = 3\dfrac{3}{5}$　　　答え $3\dfrac{3}{5}$ kg $\left(\dfrac{18}{5}\text{kg}\right)$

てびき　仮分数になおしても計算できます。

4 $\dfrac{47}{8} + \dfrac{10}{8} = \dfrac{57}{8}$

5 $\dfrac{32}{5} - \dfrac{14}{5} = \dfrac{18}{5}$

15 変わり方

82ページ　きほんのワーク

☆ 1, 8, 3　　　　答え 3

---

❶ ❶

買う本数(本)	1	2	3	4	5	6	7
ボールペン(円)	100	200	300	400	500	600	700
えん筆　(円)	80	160	240	320	400	480	560
代金　(円)	180	360	540	720	900	1080	1260

❷ 5本ずつ

❷

正方形の数(こ)	1	2	3	4	5	6	7
竹ひごの本数(本)	4	7	10	13	16	19	22

22本

てびき　❶ ❷ 6本ずつ買うと，1000円をこえてしまいます。

❷ 正方形が1つふえるごとに，竹ひごの本数は3本ずつふえていきます。

83ページ　きほんのワーク

☆ 3, 3, 30　　　　答え 30

❶ ❶

だんの数　(だん)	1	2	3	4	5
まわりの長さ(cm)	4	8	12	16	20

❷ 式 $30 \times 4 = 120$　　　答え 120 cm

❷

もえた時間 (分)	0	1	2	3	4
もえた長さ (cm)	0	2	4	6	8

□×2 = ○　または，○÷2 = □，○÷□ = 2

てびき　❶ まわりの長さは，だんの数の4倍になっているので，(だんの数)×4 で，まわりの長さを求めます。

❷ もえた長さは，もえた時間の2倍です。

84ページ　まとめのテスト❶

1 ❶

あげる数(まい)	0	1	2	3	4	5	6
兄の数　(まい)	37	36	35	34	33	32	31
弟の数　(まい)	23	24	25	26	27	28	29
ちがい　(まい)	14	12	10	8	6	4	2

❷ 2まいずつへる。　　❸ 7まい

2 ❶

横の長さ　(cm)	1	2	3	4	5
面積　(cm²)	12	24	36	48	60

❷ □×12 = ○

または，○÷12 = □，○÷□ = 12

❸ 式 $7 \times 12 = 84$　　　答え 84 cm²

てびき　**1** ❸ 兄弟あわせて 37+23 = 60 より 60 まいのカードを持っていたので，60÷2 = 30 になれば，2人のカードのまい数は同じになります。

2 (重なった部分の横の長さ)×12 = (重なった部分の面積)という関係があります。

85ページ　まとめのテスト❷

1 □+○ = 24

または，24-□ = ○，24-○ = □

2 ❶
1辺の長さ（cm）	10	12	14	16	18
まわりの長さ（cm）	30	36	42	48	54

❷ 6cm

❸ □×3＝○

または，○÷3＝□，○÷□＝3

3 ❶
正三角形（番目）	1	2	3	4	5	6	7
色板 （まい）	1	4	9	16	25	36	49

❷ 7番目　❸ 100まい

てびき **1** ことばの式を書くと，（昼の長さ）＋
（夜の長さ）＝24，（昼の長さ）＝24－（夜の長
さ），（夜の長さ）＝24－（昼の長さ）です。

2 表から，1辺が2cmずつ長くなると，まわ
りの長さは6cmずつ長くなることがわかりま
す。右の図からも，1辺が
2cm長くなると，1辺が
2cmの正三角形のまわりの
長さの分だけ長くなることが
わかります。

3 ならぶ色板のまい数は，1番目から順に
1×1，2×2，3×3…とふえていくので，
○番目は（○×○）まいになり，
計算で求めることができます。

16 直方体と立方体

86ページ きほんのワーク

☆ 直方体，6，8，12，4，4，4，4，140

答え 140

❶ ❶ 式 10×4＋12×4＋8×4＝120

答え 120cm

❷ たてが12cmで横が10cmの長方形を2まい
たてが8cmで横が10cmの長方形を2まい
たてが8cmで横が12cmの長方形を2まい

❷ 式 8×12＝96　　答え 96cm

てびき ❶ ❶10×4＋12×4＋8×4＝
（10＋12＋8）×4＝30×4＝120
❷ 直方体の向かい合った3組の面は，それぞ
れ形も大きさも同じになっています。たてと横
の長さはぎゃくでもかまいません。
❷ 立方体の6つの面は全部正方形なので，
8cmの辺がたて，横，高さのそれぞれ4本ず
つ，合計12本あります。

87ページ きほんのワーク

☆ 展開図，平行，垂直，か，あ，い，え，お

※〜〜〜〜〜の部分の答えの順番は変わってもかまいません。

答え か，4

❶ ❶ 辺エウ，辺オカ，辺クキ

❷ 辺アエ，辺アオ，辺イウ，辺イカ

❸ 面い，面う，面え，面お

❷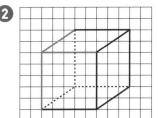

てびき ❶ ❶ 直方体には，平行な辺が4本ず
つ3組あります。

❷ 面あ，面いは長方形であることから考えます。

❷ ＜見取図のかき方＞
《1》正面の正方形か長方形をかく。
《2》見えている辺をかく。
《3》見えない辺は点線でかく。
平行になっている辺は平行になるようにかくこ
とに注意しましょう。

88ページ きほんのワーク

☆ 1，4，1，4　　　　答え 1，4，4，3

❶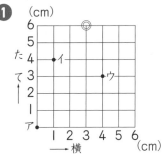

❷ ❶ （横3cm，たて0cm，高さ0cm）

❷ （横0cm，たて3cm，高さ3cm）

❸ 頂点ウ

89ページ まとめのテスト

1 い，え

2 式 20×4＋8×4＋30＝142　　答え 142cm

3 え

4 ウ（横3cm，たて2cm，高さ3cm）
エ（横0cm，たて2cm，高さ3cm）

てびき **2** ひもは，上の面と下の面に20×2×
2＝80，まわりの面に8×4＝32，結び目に
30cm使います。

3 展開図を組み立てる
と，あ→お→えと，つ
ながります。

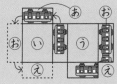

17 いろいろな問題

きほんのワーク

☆ 8, 60, 60, 640, 640, 8, 80　　　答え 80

① 式 0.8+0.7=1.5　　1.5×6=9　　答え 9L

② 式 13.5+7.5=21　　21÷15=1.4

　　　　　　　　　　　　　　　答え 1.4kg

てびき ② まず, はじめに全部で何kgの小麦粉があったかを求めます。

きほんのワーク

☆ 75, 白, 2, 62, 62, 31, 31, 44

　　　　　　　　　　　　　答え 44, 31

① 式 260+80=340　　340÷2=170

　　　　　　　　　　　　　答え 170cm

② 式 145-5+10=150　　150÷3=50

　　　　　　　　　　　　　答え 50cm

てびき ② 全体から5cmをひき, 10cmをたすと, Bの長さの3倍になります。

きほんのワーク

☆ 3, 1900, 1300, 200, 200, 4, 500

　　　　　　　　　　　　答え 500, 200

① 式 (520-250)÷(5-2)=90　　答え 90円

② 式 (67-42)÷(7-2)=5　　42-5×2=32

　32÷4=8　　　　　答え A 5g　B 8g

てびき 共通部分に注目して, たてにならべた図をかくと, 数量の関係がよくわかります。

まとめのテスト

① 式 (140+160)÷15=20　　　答え 20m

② 式 (162-10)÷2=76

　76+10=86　　答え 算数76点　国語86点

③ 式 (430+90)+430=950

　1000+950=1950

　1950÷3=650　　　　　　答え 650円

④ 式 670×2=1340

　(1340-1040)÷(7×2-8)=50

　1040-50×8=640　　640÷4=160

　　　答え りんご160円　みかん50円

てびき ④ りんご2ことみかん7このねだんを2倍すると, りんご4ことみかん14このねだんになります。

4年のまとめ

まとめのテスト❶

① 7986543210

② 式 123÷3=41　　　　　　答え 41まい

③ 式 12.85+14.06=26.91　　答え 26.91km

④ 式 1.8×36=64.8　　　　　答え 64.8dL

⑤ ❶ 約36万人(約360000人)

　❷ 約14000人

⑥ 式 $2-\frac{6}{5}=\frac{4}{5}$　　　　　答え $\frac{4}{5}$km²

てびき ① 80億より小さい数のうち, いちばん大きい数の上から2けたの数は79です。あとは大きい順に数字をならべます。

⑤ ❶ 千の位で四捨五入してがい数にしてからたし算します。

❷ 百の位で四捨五入してがい数にしてからひき算します。

まとめのテスト❷

① ❶ 50°　　❷ 135°　　❸ 240°

② ❶ ○　　❷ ×　　❸ ×

③ 式 7×9-(7-4)×(9-5)=47　答え 47km²

④ ❶ 面う　❷ 面い, 面え, 面お, 面か

てびき ① 角の大きさは, 分度器を使ってはかります。180°より大きい角をはかるときは, 「180°より何度大きいか」または「360°より何度小さいか」を調べるくふうが必要です。

④ 直方体では, 向かい合った面は平行で, となり合った面は垂直です。

まとめのテスト❸

① 式 13×28+13×22=650　　答え 650こ

② ❶ 25人　　❷ 375人

　❸ 11月から12月の間

③ ⑦ 6　　④ 7　　⑦ 9　　④ 13　　⑦ 10

④ ❶

たかひろ(まい)	1	2	3	4	5	6	7	8
弟 (まい)	17	16	15	14	13	12	11	10

❷ □+○=18

　または, □=18-○, ○=18-□

てびき ① 13×28+13×22
=13×(28+22)=13×50=650